プロセスデザインアプローチ

誰も教えてくれない

芝本秀徳 著 *Hidenori SHIBAMOTO*

日経BP社

はじめに

プロジェクトマネジメントの「あるべき姿」を明確にする

ここ十数年で「プロジェクトマネジメント」という言葉がかなり一般的になりました。システム開発だけではなく、それ以外の業種・業界においても、その必要性が広く認知されつつあります。しかし、その必要性をいち早く認識したはずのシステム開発の分野において、プロジェクトのマネジメント品質が向上したかというと、そうともいえないのが現実です。

「止まらない不具合」「使えないシステム」「成果を生み出さないシステム」…。こうしたシステムがそこかしこで問題となっています。ベンダーとユーザーの間での賠償問題となって、注目されるケースも目につきます。なぜこのような問題が起こるのでしょうか。ベンダーの開発力や技術力が不足しているケースもあるでしょうが、もっと本質的な問題はプロジェクトの「進め方」、つまり「プロセス」に起因しています。

そもそも、システムを発注するユーザー企業、その情報システム部門、そしてそれを受注するシステムベンダーも、「システム開発プロジェクトはどのように進められるべきか」という「あるべき姿（To be)」の明確なイメージを持っていないことが多いのが実情です。

本書で詳しく説明しますが、プロジェクトとは「1回限り」の活動です。ここがポイントです。プロジェクトに課せられる要求もプロジェクトを取り巻く環境（前提条件、制約条件）も、プロジェクトごとにそれぞれ異なっています。つまり、プロジェクトには「こう進めれば必ず成功する」という決まった進め方があるわけではないのです。異なる要求・環境でプロジェクトを成功に導くには、その要求・環境に応じた「固有のプロセス」を設計する必要があります。

それは、ドライブに出かけるとき、目的地が違えばそこに至るルートは異なり、目的地が同じであっても道路状況や旅の目的によって、まったく違ったルートが考えられるのと同じです。しかし、この「プロジェクトごとにプロセス（ルート）を設計する」という考え方を理解し、プロジェクトマネジメントに生かしているベンダー、情報システム部門は少ないのが現実です。

誰も教えてくれないプロジェクトマネジメント

本書は「誰も教えてくれない」シリーズ６冊目となります。このシリーズは、仕事で必須なスキルであるにもかかわらず、学校や会社では教えられることのないスキルに着目し、それらのスキルをわかりやすく、体系的に学んでもらうために書いたものです。いわば、「いつのまにか通り過ぎてしまったスキル」を改めて学ぶシリーズです。

この「誰も教えてくれない」シリーズはこれまで「考えるスキル」「書くスキル」「質問するスキル」「計画するスキル」「問題解決スキル」が刊行されています。そして、本書のテーマが「プロジェクトマネジメント」となるわけですが、このスキルほど必要とされていながら、教えられることが少ないスキルはないでしょう。まさに「誰も教えてくれないスキル」なのです。

一方で、本書は「プロジェクトマネジャーのためのプロセスデザイン入門」（日経BP社 発行）の改訂版という背景も持っています。旧版は少ないながらも熱心な読者を得ることができ、プロジェクトマネジャー向けの研修テキストとして多くの企業で利用いただきました。その中で、読者から質問をもらい、研修やコンサルティングで補足説明する中で、追記の必要性を強く感じていました。

幸い、「誰も教えてくれない」シリーズの担当編集者と話をする中で、「誰も教えてくれないシリーズの6冊目として改訂してみてはどうか」という提案をいただき、今回、大幅に加筆・修正して世に出すことができました。

本書の特徴「プロセスデザインアプローチ」

ここで、本書に通底する考え方「プロセスデザインアプローチ」について説明しておきます。

プロジェクトとは「1回限り」の活動であり、同じプロジェクトを2回することはありません。つまり、プロジェクトは「いつも初めて」であり「やってみないとわからない」という特徴を持っています。それぞれのプロジェクトは、それぞれに固有の目的・目標を持っており、プロジェクトが置かれた環境（前提条件・制約条件）も異なります。プロジェクトリーダー、メンバー、ステークホルダーも毎回違います。使えるリソース（時間、能力、お金）も同じではありません。これらのすべての要素が「いつも初めて」という状況を作るわけです。

このような「初めて」の活動の成功率を高めるために有効なのが「シミュレーション」です。「どんな情報を」「どのように加工し」「どんなアウトプットにするのか」「それらのアウトプットをどのようにつないで最終アウトプットにするのか」を、実行に入る前に仮想的に「経験」することで、「どこでつまずきそうか」というリスクを洗い出し、失敗する可能性を軽減できます。

また、プロジェクトは多くの異なる文脈を持つ者同士の活動です。ベンダーとユーザー企業という異なる背景を持つ者同士、また同じ企業であっても営業と技術、情報システム部門と業務部門では、利害・価値観・仕事のやり方など、まったく異なる文脈を持った者同士が一緒に仕事をします。プロジェクトをマネジメントするということは、この異なる文脈を持った者同士が協働しながら、自らの果たすべき役割を認識し、強みを発揮できる環境を作ることです。

そのためには、ステークホルダー間で「共通認識」を確立することが最も重要です。その大きな助けとなるのが「プロセスデザインアプローチ」です。このアプローチは、プロジェクトに関わるステークホルダーが一緒になって、プロジェクトごとに固有のプロセスを設計し、実行をシミュレーションする方法です。特に本文中で詳しく触れる「プロセスフローダイアグラム」は共通認識を確立する強力なツールとなります。

「プロジェクトごとに固有のプロセスを設計する」というアプローチは、何も新しい考え方ではありません。かつて、日本でも多くの企業で取り入れられた「CMM/CMMI（能力成熟度モデル）」にもその考え方の一端が垣間見えます。

図 0-1 に示したのは、1993 年に「CMU/SEI（カーネギーメロン大学 / ソフトウェアエンジニアリング研究所）」が発行した「能力成熟度モデルのキープラクティス 1.1 版」、TR-25 と呼ばれる技術報告書で示されたソフトウエア開発プロセスの枠組みです。

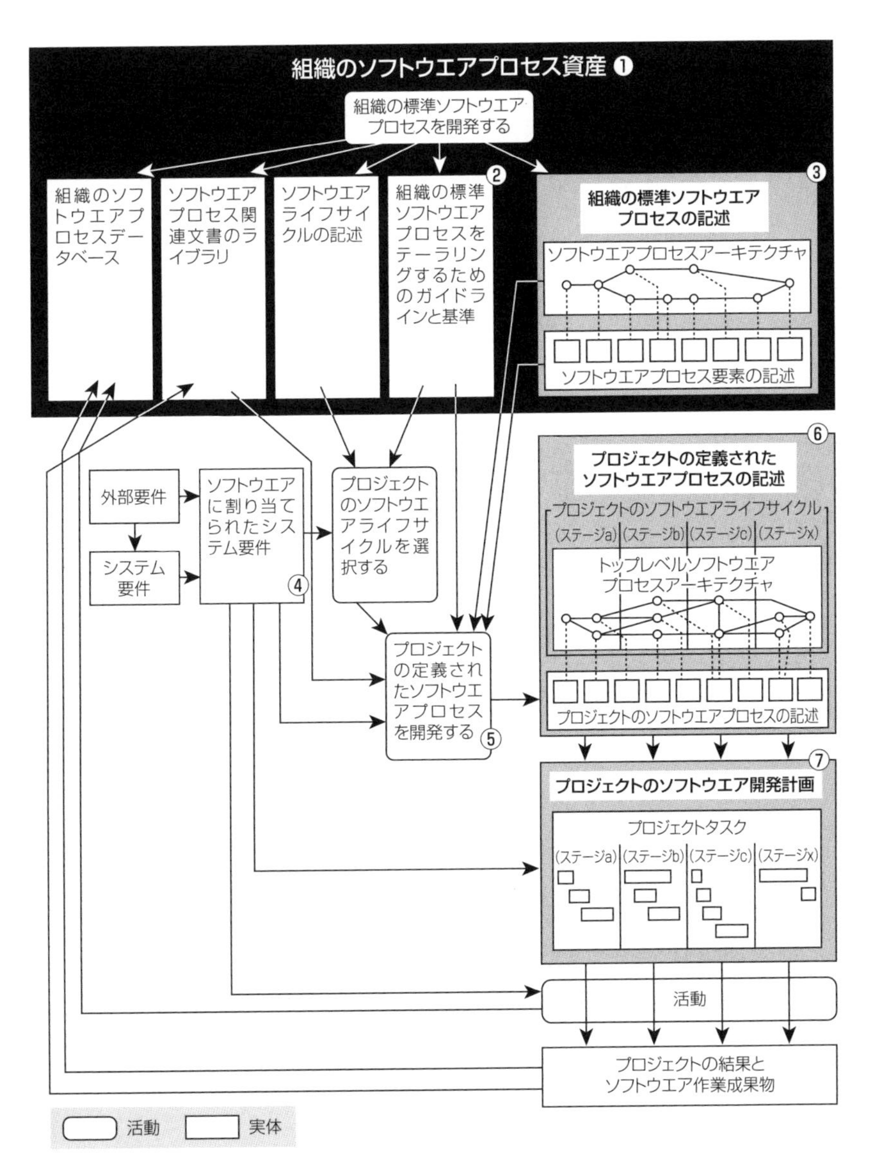

図 0-1 ■ソフトウエア開発プロセスの枠組み

CMU/SEI の能力成熟度モデル、出所：能力成熟度モデルのキープラクティズ 1.1 版（CMU/SEI）

図中の上部には「①組織のソフトウエアプロセス資産」とあり、その中に「②組織の標準ソフトウエアプロセスをテーラリングするためのガイドラインと基準」「③組織の標準ソフトウエアプロセスの記述」が含まれています。これらは、組織として蓄積し、更新し続けるソフトウエア開発の標準的な進め方と、そのカスタマイズ（テーラリングという）の指針を指しています。

さらに、図中のフローには「④ソフトウエアに割り当てられたシステム要件」があり、上記の「②組織の標準ソフトウエアプロセスをテーラリングするためのガイドラインと基準」「③組織の標準ソフトウエアプロセスの記述」とともに「⑤プロジェクトの定義されたソフトウエアプロセスを開発する」のインプットとなっています。そして、アウトプットされるのが「⑥プロジェクトの定義されたソフトウエアプロセスの記述」です。このプロセスの記述を基に「⑦プロジェクトのソフトウエア開発計画」、つまりフェーズ、タスクのスケジュールなどが作られるわけです。

つらつらと説明しましたが、これらが示しているのは以下の考え方です。

・組織には蓄積、更新された標準のプロセス（仕事の仕方）があり、
・プロジェクトの要件に応じて固有のプロセスを開発（設計）し、
・固有に設計されたプロセスを基に計画（スケジュール）を立てる。

つまり、標準プロセスを「型紙」として、個々のプロジェクトの要件に応じてプロセスを「テーラーメード」で設計することが重要なのです。しかし、個々のプロジェクトごとにプロセスを設計することの必要性は示されているものの、具体的にどうすればいいかについては触れられていません。

プロジェクトマネジメントで世界的に受け入れられている「PMBOK（プロジェクトマネジメント知識体系）」でも、最も上流のインプットとして「組織のプロセス資産」が挙げられており、プロジェクトごとにプロセスを設計することの必要性に触れていますが、ここでも具体的な方法は示されていないのです。

本書では「いつ、何を、どのようにすればいいのか」がわかるように、プロセス設計とプロジェクトマネジメントの具体的な方法を解説していきます。

著者について

それなりの時間をかけて本を読むからには、著者がこのテーマで本を書く資格があるのか、気になるでしょう。そこで、著者のこれまでの背景について少し説明しておきます。

著者は大学卒業後、IT ベンダーに就職し、組み込みソフトウエアの技術者としてキャリアをスタートしました。プログラマ、プロジェクトマネジャーとして、主にカーナビゲーションの開発に長く携わりました。そのあと、パッケージソフトウエアの世界に移り、企画、開発、営業支援までを一貫して行うプロダクトマネジメントを担当しました。

組み込みエンジニア時代には、数多くのデスマーチを体験しました。無茶な納期、止まらない不具合、次々に変更される要求。技術も能力もあるチームメンバーが毎日泥のように働いてもうまくいかない日々。「なぜなのだろう？」と疑問を感じていたときに出会ったのが、先ほど触れた「CMM/CMMI（能力成熟度モデル）」をベースとした「プロセス設計」という考え方でした。

このとき、「知識や技術が結果に直結しないのはなぜなのか」という疑問が氷解しました。「成果を生み出すのは技術力だけではなく、それを運用する『プロセスの品質』が重要だ」とわかったのです。

プロセスの重要性に気づいてから、プロセス設計の考え方を研究し、小さな成果を積み重ねることができたころ、ある大きなプロジェクトのチームリーダーを務めることになりました。それまで試行錯誤を重ねてきたプロセス設計の考え方や方法論を適用してやろうと、意気込んでプロジェクトに飛び込みました。しかし、結果は散々なものでした。技術的リスクやスケジュール的なリスク、不確実性があまりに大きく、まったく太刀打ちできなかったのです。

それまで筆者が実践していた「プロセス」の考え方は、あくまでもエンジニアリングに限定していたものでした。つまり、プロセスといっても、あくまでも「技術」の枠組みを抜けていなかったのです。

技術の枠組みの中であっても、プロセスを設計し、実行することで大きな効果を期待できます。しかし、プロジェクトの不確実性があまりに大きい場合、それだけでは乗り切れないのです。当たり前の話ですが、プロジェクトの成功には「エンジニアリングとプロジェクトマネジメントがうまく連携している必要がある」とわかったのです。

その後、現場で試行錯誤を繰り返しました。エンジニアリングとプロジェクトマネジメントのアプローチを融合し、筆者なりの方法論としてまとめたものが「プロセスデザインアプローチ」です。

筆者は現在、このアプローチをベースに、「人と組織の実行力を高める」ことをテーマに企業のコンサルティングを展開しています。コンサルティングのテーマは、「戦略策定」「組織開発」「マネジャー育成」「サービスマネジメント」など多岐にわたります。その中には「システム導入支援」「ベンダーマネジメント」も含まれます。つまり、ユーザー企業の立場から、システムへの要求をベンダーがわかる言葉に翻訳して伝え、ユーザーが無茶な要求をしそうなときはそれにストップをかけたり、ユーザーとベンダーの間に立ってプロジェクトマネジメントの体制を整えたりする役割です。

プログラマ、プロジェクトマネジャー、プロダクトマネジャー、そしてコンサルタントとして、さらにベンダー側、ユーザー側とあらゆる立場を経験したことで、どんなときにプロジェクトは頓挫しやすいのか、どこで意思疎通にずれが生じるのか、さまざまなケースを見てきました。

その経験からいえるのは、システム開発プロジェクトを成功させるのは簡単なことではなくても、「方法はある」ということです。その方法を先人たちは積み重ね、知識として残してくれています。この知識を学び、実践し、さらに工夫を重ねていくことで、私たちは先人たちの努力に報いることができ、より良い社会を作っていくことができるはずです。

それでは一緒に学んでいきましょう！

目次 Contents

第4章

「段取る」プロセス

第5章

「視る」プロセス

第6章

「振り返る」プロセス

第 1 章

なぜプロジェクトマネジメントは機能しないのか

Project Management

1-1 プロジェクトの本質を知る

プロジェクトの実態

ここ十数年で「プロジェクトベース」の仕事の進め方が一般的になり、それに伴ってプロジェクトマネジメントの必要性が広く認識されるようになりました。プロジェクトマネジメントのデファクトスタンダードであるPMBOK（プロジェクトマネジメント知識体系）は広く知られるようになり、その資格であるPMP（Project Management Professional）の有資格者数も増えています（参考：2006年末は1万8009人。2016年末3万4451人に増加）。特にソフトウエア開発やシステム開発の世界では、プロジェクトベースで仕事をするのが当たり前になり、ノウハウや経験が蓄積されてきました。

しかし、こうした状況にもかかわらず、プロジェクトの現場では状況が大きく改善されているようには見えません。古い統計ですが、2008年の日経コンピュータによる実態調査では、ソフトウエアプロジェクトの成功率（Q: 品質、C: コスト、D: 納期の3つを満たした割合）はわずか31.1％にすぎません（**図1-1**）。実に7割近くのプロジェクトが失敗していることになります。これは現場で働く読者の肌感覚からしても、うなずける数字かと思います。実際、筆者がコンサルティングや研修で接する現場のプロジェクトマネジャーに聞いてみると「ウチはもっと悪い」といわれることが多いのも事実です。

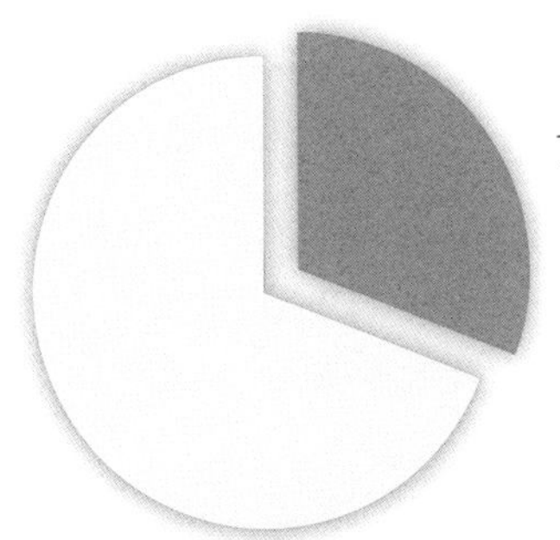

図 1-1 ■プロジェクトの成功率は 3 割程度にとどまる。
日経コンピュータによる実態調査（2008 年実施）から引用。QCD（Q：品質、C：コスト、D：納期）の 3 つを満たしたプロジェクトを成功と定義している

さらに、上記の 31.1%の「成功」の中には、「当初設定したゴールに対して QCD は満たしているけれども、納品された成果物は思い描いていたものと違っていた」「導入したけれど、ビジネス的成果に結びついていない」といった類いの「失敗」が含まれていることを考えると、プロジェクトの実際の成功率はもっと低くなるであろうことは容易に推測できます。

調査によってはもっと成功率が高い結果もありますし、「ウチではもっと成功している」「成功率をうんぬんすることに意味はない。やることをやるだけ」という意見もありますが、そんな議論をしても現場が救われることはありません。

ここで考えるべきは、なぜ、これほどまでにソフトウエア開発プロジェクトやシステム開発プロジェクトは難しいのか。言い換えれば、なぜ、プロジェクトマネジメントは機能しないのかということです。

プロジェクトの定義

なぜ、プロジェクトマネジメントは機能しないのかを考えるとき、そもそも「プロジェクトとは何なのか」をしっかりと押さえておく必要があります。米国プロジェクトマネジメント協会（PMI）による「PMBOK Guide（第5版）」では、以下のように定義しています。

> A project is a temporary endeavor undertaken to create a unique product, service, or result.
> (独自のプロダクト、サービス、所産を創造するために実施される有期性のある業務)

少し表現が難しいので、分解してみましょう。「プロダクト」と「サービス」はわかりますね。言い換えると「プロダクト ＝ 形のある商品」「サービス ＝ 形のない商品」です。プロジェクトとは、モノ作りだけではなく、コト作りにも適用される仕事の形態なのです。

わかりにくいのは「所産」です。原文では「result」です。つまり、結果、効果、成果です。例えば、業務改革プロジェクトでは「プロダクト」も「サービス」も作りませんが、「間接業務の効率化」「リードタイムの短縮」などの効果を生み出します。こういった、仕事の結果として生み出される効果を「所産」といっているわけです。

そして、ただのプロダクト、サービス、所産ではなく、「独自の（unique）」という修飾語がついています。これは「同じものがない」という意味です。例えば、自動車の製造ラインでは、同じ規格、同じ仕様のクルマを繰り返し生産します。1台1台が独自ということはありません。このように、同じものを繰り返し作る仕事はプロジェクトではありません。

一方、家を建てるときは、同じ場所に、同じ設計で、同じ家を、繰り返し建てることはありません。1軒1軒、建てる家は違うものです。同様に、ITシステムの場合も、同じ仕様のものを繰り返し開発することはありません。システムは必ず独自です。このような繰り返しのない、一度きりの取り組みで、一つひとつ異なるアウトプットを生み出す。この特徴を「独自性」といいます。

さらに、「有期性のある業務」とあります。有期性とは「始まりがあって、終わりがある」ことを指しています。例えば、自動車の製造ラインは、ニーズがある限り繰り返し稼働します。始まり、終わりという概念はありません。

一方で、家の建築には「期限（納期）」があります。家をずっと建て続けるということはありません。システムの開発でも「サービスイン」の時期が明確に定められます。プロジェクトとは「いつから、いつまで」という期間が明確に決まった活動をいいます。

また、期限とともに「実現しないといけないこと」が定められています。「終わったところまででいい」わけではなく、期限までに「ここまで実現しないといけない」と範囲が決められています。この範囲のことを「スコープ」といいます。

まとめると、プロジェクトとは「独自性」「有期性」「決められたスコープ」の3つの特徴を持つ仕事のことを指します（**図1-2**）。

これらの特徴を踏まえて、先ほどのプロジェクトの定義をもう少し平たく表現すると、次のようになります。

図 1-2 ■プロジェクトとは？

プロジェクトとは
やったことがないことを、
何が起こるのかわからないのに、計画して、
予定通りのモノ（コト）を、期限までに作る（終わらせる）こと

つまり、プロジェクトとは「やったことがないこと」に取り組むことであり、「やってみないとわからない」のに期限を約束しなければならないわけです。これはかなりやっかいな要求です。つまり、そもそもプロジェクトは難しいものであり、何もしなければ（コントロールしなければ）、失敗するものなんだという認識が必要なのです。

1-2 プロジェクトが持つ不確実性の姿

プロジェクトとは「やったことがないこと」に取り組むことであり、「やってみないとわからない」要素を多く含んでいるものです。プロジェクトの本質は、この「やってみないとわからない」という「不確実性」にあります。

逆にいえば、不確実性のない仕事はプロジェクトではありません。「やったことがあること」「やる前から結果がわかっていること」は、プロジェクトとしてやる意味がありません。これまでにない取り組みをするからこそ、新たな価値を生み出すことができます。そこに市場、顧客はお金（対価）を払うのです。

不確実性という敵を知る

プロジェクトの本質が「不確実性」にあるということは、プロジェクトの成功は「いかに不確実性を乗りこなすか」にかかっているといえます。不確実性を嘆くのではなく、それを価値の源泉として捉え、前向きに乗りこなす姿勢がプロジェクトマネジャーには求められるのです。

孫子の言葉に「彼（か）れを知り己れを知れば、百戦殆（あや）うからず」という有名な言葉があります。この言葉には続きがあります。

> 彼れを知り己れを知らば、百戦殆うからず。
> 彼れを知らずして己れを知らば、一勝一負す。

彼れを知らず己れを知らざれば、戦う毎に必ず殆うし。

つまり、戦う「相手」のことを十分に知らなければ、勝つことは難しいということです。では、自分たちが携わるプロジェクトにおける「彼れ（相手）」とは何でしょうか。そうです、「不確実性」です。プロジェクトの敵は、決して上司でもクライアントでもありません。プロジェクトを成功させるには、不確実性という「彼れ」への理解を深める必要があるのです。

プロジェクトの不確実性の源泉

不確実性を理解して対処するには、まずそれがどこから生じるかを知っておく必要があります。不確実性の源泉を知ることで、どのようにプロジェクトをコントロールするべきかの指針を立てることが可能になるからです。以下に、不確実性の源泉を５つまとめます。

不確実性の源泉① 成立しないコミュニケーション

システム開発は「要求」から始まります。そのシステムで何を実現したいのか、どんな使い方をしたいのか、どんなふうに動いてほしいのか、という要求を知っているのはユーザーしかいません。それをベンダーがヒアリングし、分析して要件（仕様）を定義します。

しかし、自らの要求を明確にベンダーに示すことができるユーザーはまれです。自分たちがどんな要求を持っているのかを自覚していない場合が多く、たとえ明確な要求を持っていたとしても、それを言語化するには高いハードルがあります。業務部門にいる人たちが、システムの世界に住むベンダーにわかるように要求を言語化することは、ほとんど不可能といってもいいくらい難しいものなのです。

本来、その要求をうまく引き出し、言語化するのがベンダー（もしくはITコンサルタント）の役割ですが、ユーザーの問題意識を正しく理解し、ユーザーが真に求めているものをシステム要求に変換できるベンダー（もしくはITコンサルタント）は少ないのも現実です。

ユーザーはビジネスの世界の言葉を話し、ベンダーはシステムの世界の言葉を使ってコミュニケーションします。いわば、プロトコルが異なる者同士で、お互いがそれを自覚しないままコミュニケーションしているようなものです。日本語でやり取りをしていても、お互いに意思疎通ができていないのです。コミュニケーションが成立しないまま要件を定義したとなれば、その要件は、ユーザーが望んでいるものにならないのは当たり前といえば当たり前です。

結果、プロジェクトが後半になってから「こんなものが欲しかったわけじゃない」というユーザーに対して、「仕様通りです」とベンダーが返すという不毛なやり取りが繰り広げられるわけです。当然、手戻りが発生し、プロジェクト遅延、コスト超過の大きな要因となります。

不確実性の源泉② 変化する要件

ITシステム開発のほとんどのプロジェクトでは、「要件定義フェーズ」が設けられ、要件のベースラインが設定されます。しかし、要件定義フェーズで確定した仕様が、そのままプロジェクト完了まで維持されるケースはほとんどありません。

ベースラインを設定してからも、要件は日々変化します。一つには、要件定義段階ではユーザーが自らの要求を自覚していないことがあります。「自分たちは何を求めているのか」を明確には理解していないのです。プロジェクトが進むにつれ、自分たちの要求がだんだんと像を結んできます。すると「前はそういったけど、やっぱりこうしたい」と要求は変化するのです。

また、ユーザーは「ソフトウエアはあとで変更できる」と思い込んでいるところがあります。ソフトウエアはその名前が示すように、ハードウエアに対比して「柔らかい」「変更しやすい」イメージを持たれています。ハードウエアの設計を変更した場合、ユーザーは部品の変更や廃棄などが必要になると想像できます。ところがソフトウエアを変更した場合、実際はドキュメントやソースコードの変更、変更箇所のテストなどが必要なのですが、ユーザーにはそうした作業イメージがわかないため、要件の変更要求が出やすい傾向があります。

一方のベンダーも、ユーザーが「なんとなく」伝えた要求をうのみにすることがあります。早く要件を固めるために、ユーザーが本当は何を求めているのかを突っ込んで議論することのないまま設計に入ると、プロジェクト後半になってから要件変更が多発してしまいます。

不確実性の源泉③ 見積もりの難しさ

3つめの不確実性の源泉は「見積もりの難しさ」です。ハードウエアと異なり、ソフトウエアの機能を実現する方法は無数にあります。そして、全体のアーキテクチャは特定の人物が設計したとしても、各階層のモジュール設計は担当者に委ねられます。コーディングにおいても、同じ機能を100行のコードで実現する人もいれば、1000行や2000行のコードで実現する人もいます。同じ機能を実現するのであっても、実現方法の自由度は非常に高いのです。

さらに、設計にしろ、コーディングにしろ、その生産性は担当者の能力によって大きく異なります。ソフトウエアエンジニアの生産性は、人によって数十倍の開きがあるといわれています。同じ機能を実現するために、どれだけの時間（工数）が必要となるかを正確に見積もるのは非常に難しいのです。

不確実性の源泉④ 納期の要請によるプロセスの省略

システムはビジネスの要請に応えるために構築されます。ビジネスは市場の変化に適応することが求められるため、市場の変化スピードが速くなれば、それに伴ってシステム開発スピードも高速化が求められます。企業の情報システムだけではなく、例えば携帯電話やデジタルカメラ、カーナビゲーションなどの組み込みソフトウエアの分野も同様です。製品サイクルが短くなり、システム開発の短納期化に拍車がかかっています。

また､情報システム部門に対して業務側から｢早くしろ｣とプレッシャーがかかることも少なくありません。業務部門の人は、システム開発にはどんなプロセスがあり、どれくらいの時間がかかるのかを知らない人も多いため､「もっと早くできるだろ」と無邪気に圧力をかけてきます。そして、そういったプレッシャーに対して情報システム部門が説明できず､「なんとか早くしてくれ」とベンダーにプレッシャーが順送りになるのです。

そこでベンダーが「品質を担保し、ユーザーにとっても使いやすいシステムにするには、これくらいの期間が必要です」と説明できればいいのですが､調達前のコンペ段階で､他社が「できます､やります」とアピールしている状況ではそれは言いにくいという事情もあります。

結果、納期までの時間が短く設定されると、トラブルやリスクを吸収できる時間的余裕がなくなり、コストの余裕もない状況でプロジェクト

1

を運営しなければならなくなります。小さな失敗が命取りになる可能性が高まるわけです。

さらに悪いことに、短納期になると、現場では「必要なプロセスを省く」方向に力が働きます。このとき、真っ先に省かれるのが「設計」と「テスト」です。コーディングしながら設計したり、単体テストが省かれたりするのです。必要なプロセスを省けば、必ずどこかにしわ寄せが来ます。途中までうまくいっているように見えたプロジェクトが、終盤になって急に大幅な遅れが判明したり、品質の問題が判明したりするケースはたいていこれが原因です。

不確実性の源泉⑤ 業務改革を伴う

企業の情報システムを構築する際、一般には、単に現状の業務をITに置き換えるのではなく、業務の「あるべき姿」（ToBe）を描いて業務を改善します。むしろ、業務改革のきっかけ作りとして、システム構築を利用したいと考える経営者も多くいます。

しかし、企業の「あるべき姿」には決まった答えがあるわけではなく、また、あるべき姿を思い描いても、それだけで業務が改善されるわけではありません。さらに、いくらあるべき姿を思い描いてシステムを構築しても、業務そのものがシステムについていかなければ意味がありません。

あるべき業務を構想し、それを下支えするシステムの要件を定義するまでの時間（工数）は、企業の状況によって大きく異なります。さらに、構想段階で描いたあるべき姿は変化（進化）することが多く、設計・実装段階で「やっぱりこうしたい」というユーザーからの要望が出るのは、当たり前のことといえます。当然、その変化は要件にも影響を及ぼします。

不確実性の姿を示した「不確実性コーン」

これらの不確実性の源泉が「やってみないとわからない」というプロジェクトの性質を形作ります。その「不確実性の姿」をよく表したものが「不確実性コーン」と呼ばれるグラフです（**図1-3**）。

不確実性コーンは、プロジェクトが進行するにつれて見積もりのバラツキがどのように推移していくのかを表しています。横軸はマイルストーンを、縦軸はそれぞれの時点におけるプロジェクト規模（工数・スケジュール）の見積もりを示しています。

このグラフからわかる不確実性の特徴は3つあります。1つめは「バ

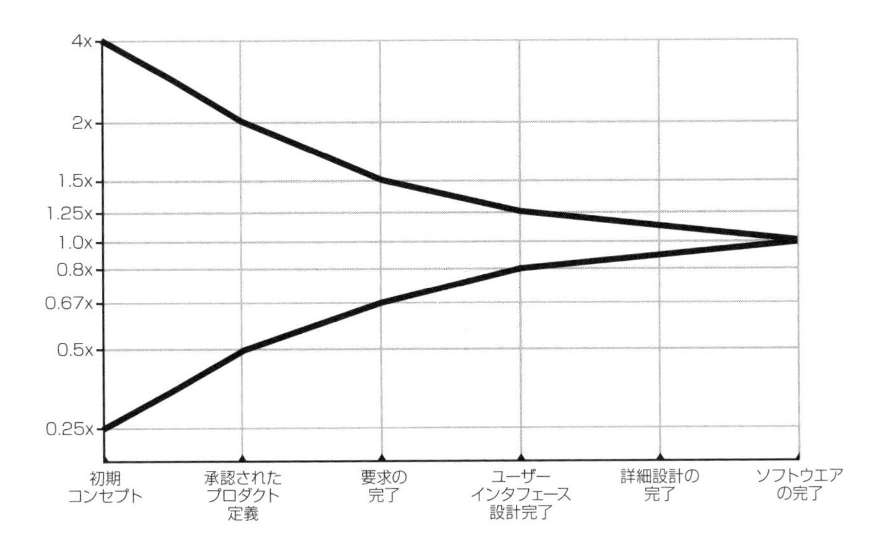

図1-3 ■不確実性コーン
プロジェクトの進行とともに、見積もりのバラツキがどのように推移していくのかを表す。出所：「ソフトウエア見積り」（スティーブ・マコネル／日経BP）

ラツキの幅」です。プロジェクトの初期には、見積もりは非常に大きなバラツキの幅を持っています。例えば「初期コンセプト」の段階では、最終的に完了した工数（1.0x）に対して、最も大きい見積もりで4倍、最も少ない見積もりで0.25倍となっています。つまり、16倍もの開きがあります。

2つめの特徴は「不確実性の減るタイミング」です。グラフを見ると、時間の経過とともに不確実性が自然に減っていくように見えますが、正しくは、不確実性はプロジェクトのフェーズごとに「意思決定」することで小さくなっています。「初期コンセプト」「プロダクト定義」「要求」。これらはすべて意思決定を伴います。意思決定とはつまり、ほかの可能性を捨てることです。よく仕様書に「TBD（未定）」と書かれているのを見かけますが、これは意思決定がされていないということです。このように、意思決定をしなければ、「ほかの可能性＝不確実性」を抱えたままプロジェクトが進んでしまうことになるのです。

3つめの特徴は「不確実性の減るペース」です。グラフ上ではプロジェクトの後半（「ユーザーインタフェース設計完了」段階）になってやっとバラツキが「0.8～1.25倍」に縮まっているように見えますが、実際のプロジェクト期間でいえば、開始してから30％程度で「ユーザーインタフェース設計完了」を迎えます（**図1-4**）。このことから、プロジェクト初期に不確実性に対処することがいかに重要であるかがわかります。

これらのプロジェクトが持つ不確実性の特徴を考えたとき、

- プロジェクトは開始当初、大きな不確実性を持っている
- 不確実性は徐々に減らしていく必要がある
- プロジェクトの初期に可能な限り不確実性を減らす

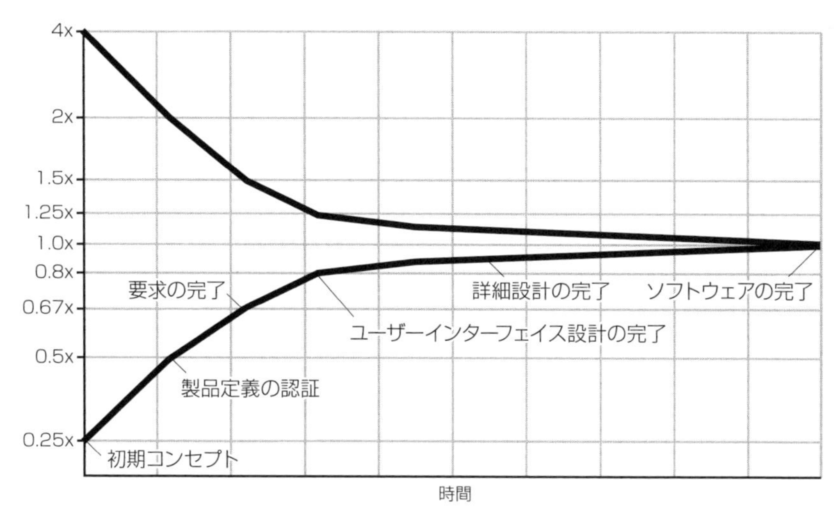

図 1-4 ■不確実性コーン（時間軸）
出所：「ソフトウエア見積り」（スティーブ・マコネル／日経 BP）

という認識を持つことが、プロジェクトを成功させるためには非常に重要であることがわかります。

1-3 不確実性を乗りこなす3つのアプローチ

ここまで見てきたように、プロジェクトとはそもそも「やったことがないこと」に取り組むことであり、不確実性の固まりだといえます。プロジェクトが成功するかどうかは、「やってみないとわからない」という不確実性をどう乗りこなすかにかかっています。プロジェクトを取り巻く不確実性の性質を考慮すると、不確実性を乗りこなすためのアプローチは大きく3つあります（図1-5）。

アプローチ① 不確実性そのものを小さくする

不確実性コーンに示される不確実性の初期値とその推移は、実は熟練者によって見積もられ、かつ、プロジェクトが適切にコントロールされている場合のものです。いわば理想形です。不慣れなプロジェクトマネ

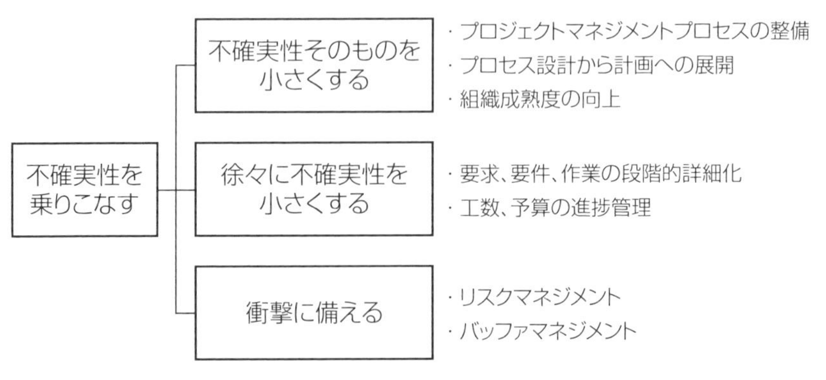

図1-5 ■不確実性に対処する3つのアプローチ

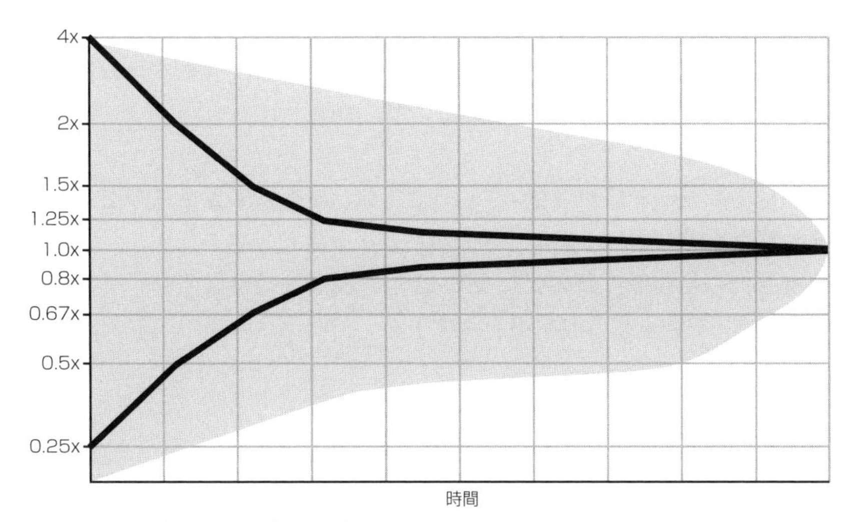

図 1-6 ■不確実性コーン（時間軸）
見積りが未熟だったり、プロジェクトがうまくコントロールされていなかったりすれば、不確実性は薄いグレー部分のように大きく膨らむ。出所：「ソフトウエア見積り」（スティーブ・マコネル／日経BP）

ジャーが見積もり、場当たり的な開発プロセスで進めれば、不確実性は増大します（**図 1-6**）。

　不確実性の取り得る幅を小さくし、プロジェクトを適切にコントロールするには、「いつ、何を、どのように」行うのかが決まっている必要があります。そのためにはプロジェクトのプロセスを設計し、設計したプロセスを基にプロジェクトをコントロールしなければなりません。これが1つめのアプローチです。

アプローチ② 徐々に不確実性を小さくする

　2つめのアプローチは、不確実性を徐々に減らしていく方法です。プロセスを整備し、プロジェクトを適切にコントロールしたとしても、プロジェクトの不確実性がなくなるわけではありません。プロジェクトとは「やったことがないこと」に取り組むものである限り、「やってみないとわからない」要素はゼロにはならないからです。

やってみないとわからないということは、やればわかる部分が多いことの裏返しでもあります。そのためには、予定と実績を比較し、計画に反映していく仕組みが必要になります。「段階的な計画」や「予実（予定と実績）管理」がこれに当たります。

アプローチ③ 衝撃に備える

3つめのアプローチは、リスクの顕在化や想定外のトラブル、見積もり超過などに備え、あらかじめ対策を打っておくというものです。

①不確実性そのものを小さくし、②徐々に不確実性を小さくしたとしても、プロジェクトでは想定外の出来事がつきものです。3つめのアプローチでは、リスクが顕在化したときや、想定外の出来事が発生したとき、プロジェクトへの影響を最小化できるよう、プロジェクトに「緩衝材」を設けておきます。

本書ではこの3つのアプローチの具体的な方法論を解説します。

第 2 章

プロジェクトマネジメントの全体像

Project Management

2-1 プロジェクト成功の前提条件

成功するプロジェクトの特徴

本章では「成功するプロジェクトの前提条件」と「プロジェクトマネジメントの全体像」について説明します。

筆者が考える「成功するプロジェクトの前提条件」は以下の５つです。

①経営層のコミットメントがある
②ユーザー主導である
③コミュニケーションコストを惜しまない
④ QCD が現実的である
⑤プロジェクトと戦略の関係が維持されている

それぞれ見ていきましょう。

成功の前提条件① 経営層のコミットメントがある

システム開発は業務への影響も大きく、予算も大きくなりがちなため、その成否は経営に大きなインパクトを与えます。にもかかわらず、多くの経営者は「IT のことはよくわからない」と、情報システム部門に丸投げしてしまうケースが多いのが実情です。

しかしながら、プロジェクトのプロセスに経営層がまったく関与していなければ、プロジェクトの難易度はグッと上がります。第１章で触れたように、システム開発プロジェクトは多くの場合、業務改革を伴います。業務改革とまで行かない場合でも、新たにシステムを導入するということは「現状の変更」を意味するので、必ずといっていいほど抵抗勢力が現れます。長い時間をかけて要件を定義したとしても、抵抗勢力の出現によって白紙に戻されることもしばしばです。ここで経営層のバックアップがなければ、プロジェクトリーダーが孤軍奮闘することになります。

プロジェクトマネジャーは、プロジェクトメンバーに対する指揮命令の権限は持っていますが、（プロジェクトメンバーではない）ライン業務・定常業務のメンバーを直接的に動かす権限は持っていません。それだけではなく、プロジェクトにおいては自分より立場や役職が上位にある人たちにも動いてもらわないといけない場面も多くあります。最終的にそういった人たちを動かすのは、組織の本気度であり、それは経営層のコミットメントによって表されるものなのです。

困難なプロジェクトであっても、最終的に成功するプロジェクトには、経営層のコミットメントが必ず存在します。プロジェクトリーダーが孤軍奮闘するのではなく、「やり抜くためなら何でもする」という経営層の覚悟とバックアップがあるのです。特に組織改革を伴うようなシステム構築プロジェクトは、このコミットメントが欠かせません。

経営層が自らコミットメントを表明してくれればよいのですが、そのようなケースばかりではありません。プロジェクトマネジャーは、経営層に働きかけ、「このプロジェクトは経営層がバックアップしている」ということを組織内で知ってもらう努力をしなければなりません。

成功の前提条件② ユーザー主導である

情報システムは、通常、ユーザー企業の情報システム部門、業務部門、

ITベンダーでプロジェクトを編成して進めます。このとき、ユーザー企業の業務部門がどこまでプロジェクトにコミットできるかが、プロジェクトの成否を大きく左右します。

いうまでもなく、情報システムは企業のニーズを満たすためにあります。何を作りたいのか、どのようなものが欲しいのかは、業務部門にしかわかりません。また、業務部門の中にもさまざまな利用者が存在し、そのニーズは一様ではありません。そのようなニーズを情報システム部門、ITベンダーだけで明確化することは不可能です。業務部門がプロジェクトに主体的に取り組まなければ、望むシステムを作ることはできないのです。

情報システムを構築するには、これらのニーズの優先順位を判断し、QCD（品質、コスト、納期）のバランスを取る必要があります。この判断も、業務部門にしかできないことです。ベンダーはソリューションの提案をすることはできても、意思決定をすることはできないからです。

ユーザー企業から「プロなんだから、いい感じにしておいて」と丸投げされたり、逆にベンダーの考えるソリューションを押し付けたりと、十分な議論と検討の時間を取らないままシステムを構築してしまえば、利用者から「こんなシステムは使えない」とそっぽを向かれるような事態を招いてしまいます。

さらに、システム構築を成功に導くには、プロジェクトメンバー以外にもさまざまなステークホルダー間の調整が欠かせません。特に、システム開発が複数の業務部門にまたがって影響する場合、部門間の調整が必須になります。この調整を情報システム部門が担当するのは非常にハードルが高く、ベンダーからは社内事情は見えづらいため実質不可能です。

ベンダー丸投げのプロジェクトが成功することはまずありません。ユーザーがプロジェクトを主導し、かつベンダーとの連携がうまく取れていることが、プロジェクト成功の大きな条件です。

成功の前提条件③ コミュニケーションコストを惜しまない

企業の置かれた状況や、経営層の要求などによって、情報システムのあるべき姿はまったく違います。ベンダーは、システム構築の方法については広い知識を持っていますが、その企業に最もふさわしいシステムの姿について答えを持っているわけではありません。この「あるべき姿」は、プロジェクトの構想段階で議論を尽くすことで初めて見えてきます。

議論には長い時間を要します。業務や部署が異なる人たちが議論するため、使っている言葉の説明からしなければならない場面も多くあります。例えば「利益」という言葉を一つとっても、財務部門と営業部門では意味していることが異なるかもしれません。そういった言葉の定義を合わせることから始めなければならないため、認識を合わせ、議論し、あるべき姿のイメージを合わせるには、かなりの時間を要します。

しかし、ここでコミュニケーションコストを惜しめば、プロジェクトが進むにつれ、「自分が言ったのはそういう意味じゃなかった」「こんなこともできると思っていたのに」など、認識のずれが浮き彫りになってきます。せっかく大きな予算をかけてシステムを作ったとしても、結局利用されないシステムになりかねないのです。

プロジェクトには予算と納期があるため、先を急ごうとしてしまいがちです。しかし、後づけで議論はできないのです。成功しているプロジェクトでは、構想段階でコミュニケーションコストを惜しまず、議論に時間をかけています。

成功の前提条件④ QCDが現実的である

筆者がコンサルティングしたりセミナーで講演したりしたとき、参加者によく尋ねられるのが「最初から無理だとわかっている納期や予算でも、なんとかする方法はないだろうか？」という質問です。しかし、残念ながら現実的ではないQCDをどうにかできる魔法の杖は存在しません。

筆者はよく「時空を歪めることはできない」と表現します。例えば、工数見積もりが30人月の見積もりがあったとしましょう。3人なら10カ月、5人なら6カ月で終わらせることができる計算です（あくまで計算上ですが)。これを例えば3人×5カ月で終わらせることはどう考えても不可能です。しかし、実際にこのような無茶なQCDが設定されているプロジェクトは多いのです。

無茶なQCDが設定されたとき、それが無茶であることをクライアントや上司に理解してもらうこともプロジェクトマネジャーの重要な役割です。そのためには「なぜ無茶なのか」「どれくらいならできるのか」を明確に説明できなければなりません。

成功の前提条件⑤ プロジェクトと戦略の関係が維持されている

プロジェクトには必ず「目的」があります。「間接業務の効率化」「生産計画の精度向上と在庫の削減」「組織内のデータの見える化と分析基盤の構築」など、システムを構築することで「何を達成したいのか」が目的です。

さらに、プロジェクトの目的には、その上に必ず「上位目的」があります。企業は競争環境の中で、いかに競合と差異化し、顧客の支持を得るかを考えて日々活動しています。つまり、システムを構築することは、すべて「競争力の向上」につながっていなくてはならないのです。戦略や上位目的がずれてしまうと、プロジェクトの修正、中止といった事態に陥ってしまいます。戦略とプロジェクトとのずれは最も大きな不確実性といえるのです。

しかし、システム開発プロジェクトでは「このシステムはどのように戦略実現に貢献するのか」が語られる場面はほとんどありません。プロジェクトリーダーは「システムを構築すること」を自分のミッションとして、戦略は自分の範疇外と捉える傾向があるからです。

システム開発が成功したといえるには、プロジェクトの直接的な目的だけではなく、その上位目的の達成に貢献できなければなりません。それがプロジェクトの各場面における判断基準となるのです。

残念ながら、プロジェクトと戦略の関係は、プロジェクトの成功を大きく左右するにもかかわらず、プロジェクトマネジメントの文献ではあまり語られることがありません。しかし本来、上位目的（戦略）を実現する手段がプロジェクトであり、プロジェクトは複数のプロセスによって実行されます。プロジェクトマネジャーとはこの「戦略－プロジェクト－プロセス」の関係を維持しながら、確実に実行することが求められるのです。

プロジェクトには３つの流れがある

プロジェクトマネジャーは「戦略－プロジェクト－プロセス」に一貫性を持たせ、それを維持する役割を担います。ですが、それを１人で実現するには無理があります。プロジェクトの上位目的である戦略には変化がつきものですし、戦略に沿っているかどうかを判断するのは上級管理

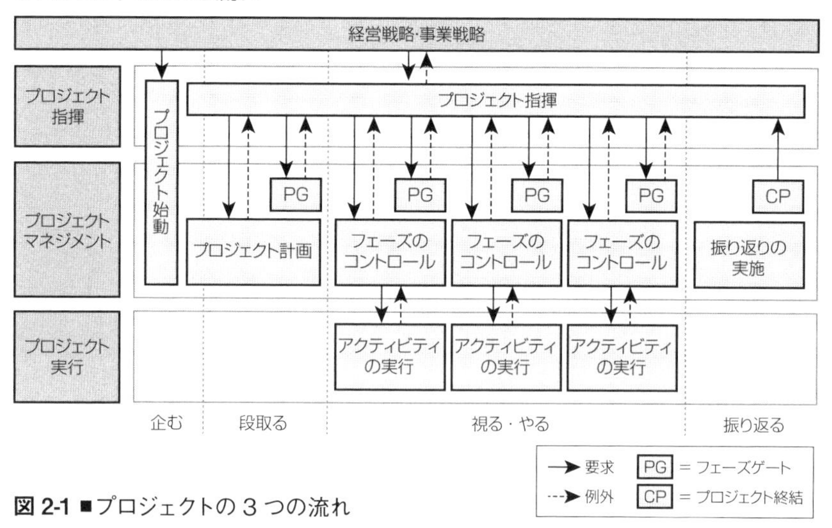

図 2-1 ■プロジェクトの 3 つの流れ

職の視点が必要となります。これを組織的に実現するのが、「プロジェクトの 3 つの流れ」です。

プロジェクトの 3 つの流れとは、「プロジェクトの指揮」「プロジェクトマネジメント」「プロジェクトの実行」です（**図 2-1**）。

プロジェクトの流れ① プロジェクト指揮

「プロジェクト指揮」とは、組織の戦略（経営戦略・事業戦略）を受けてプロジェクトに対する要求を出し、戦略とプロジェクトのつながりをモニタリングする役割を担います。ヒト・モノ・カネなどのリソース（資源）を確保し、プロジェクトリーダーをアサイン（任命）するのもプロジェクト指揮の役割の一つです。

多くの企業では「プロジェクトオーナー」「プロジェクトスポンサー」といわれる立場にある人が、プロジェクトの指揮を担当します。企業によっては、プロジェクトボード（プロジェクト委員会）、PMO（プロジェクト・マネジメント・オフィス）といったチーム体制で指揮に当たる場合もあります。プロジェクトの指揮に当たる人（もしくはチーム）は、プロジェクトが実行されている間、プロジェクトが要求の実現に近づいているかどうかをモニタリングし、必要があれば軌道修正します。

プロジェクトの流れ② プロジェクトマネジメント

2つめは「プロジェクトマネジメント」で、プロジェクトマネジャーのメインの役割です。プロジェクトマネジメントでは、プロジェクトの指揮からの要求を受け、計画を立て、実行プロセスのマネジメントをする役割を持ちます。

プロジェクトは「要求分析」「要件定義」「設計」「実装」「テスト」といった、いくつかの「段階（ステージ、フェーズ）」に分解されます。実行段階では、プロジェクトマネジメントはこれら各段階の進捗をモニタリングし、段階の切れ目（「フェーズゲート」といわれる）のタイミングでプロジェクトの指揮と連携し、必要があれば軌道修正します。

プロジェクトの流れ③ プロジェクト実行

3つめは「プロジェクト実行」です。プロジェクトの実行とは「プロセスの実行」にほかなりません。計画段階で「いつ、何を、どのように行うのか」が設計されたプロセスに沿って、プロジェクトメンバーが、要件ヒアリング、要件定義書作成、設計書作成、コーディング、テストなど、プロジェクトの各段階の作業を行います。

2-2 プロジェクトのガバナンスを構築する

プロジェクトの3つの流れは、「戦略－プロジェクト－プロセス」の関係を維持しながら、確実に実行するための役割分担です。この役割は組織的に分担する必要があります。プロジェクトの3つの流れを作り、組織的に実現することを「プロジェクトガバナンス」といいます。

ガバナンスとは「統制」「統治」と訳されますが、プロジェクトのガバナンスとは「組織として有機的、自律的に、プロジェクトを前に進めるための仕組み」を指します。

しかし、実際にはこのプロジェクトのガバナンスを意識し、組織化、役割分担を行っている企業は少ないのが実情です。すべての役割をプロジェクトマネジャーに押し付け、結果が出てから「彼ならできると思ったんですが、荷が重すぎたようです」みたいなことを上司がしゃあしゃあと言っている姿を見かけることもあります。本来は組織的に取り組むべきものを、1人のプロジェクトマネジャーに押し付ければ失敗するのは当然です。プロジェクトの成功率を高めるには、組織としての役割分担とそれを実現する仕組みが必要なのです。

ここで、プロジェクトの指揮を担う代表者である「プロジェクトオーナー」と、プロジェクトのマネジメントを担当する「プロジェクトマネジャー（企業によってはプロジェクトリーダー）」の役割の違いを見てみましょう。

プロジェクトオーナーの役割

プロジェクトオーナーには5つの役割があります（**図2-2**）。

オーナーの役割① リソースの確保・提供

プロジェクトを前に進めるには、ヒト･モノ･カネといったリソース（経営資源）が必要です。これらを確保するのはプロジェクトオーナーの役割で、これは「プロジェクト指揮」に含まれます。

特にユーザー企業では、プロジェクトマネジャー、メンバーは専任ではなく、定常業務との兼任になることが多く、定常業務を調整しなければプロジェクトに割く時間を確保できないのが常です。また、部門を横

オーナーはアカウンタビリティーを持つ

役割	内容
リソースの確保・提供	・ヒト、モノ、カネの提供
要求・方向性の明示	・経営、戦略に関わる情報の提供 ・プロジェクトリーダーに対する戦略的方向付けと監督 ・プロジェクトチャーター作成への参加
計画・ベースラインの承認	・プロジェクトのベースライン（計画）の承認 ・ベースラインの変更を含む重要な変更の承認
エスカレーションの受け手	・プロジェクトリーダーが解決できないプロジェクト上のトラブルに関するエスカレーションの受け手
フェーズ終了の承認	・フェーズ終了の承認 ・フェーズ終了レビューへの参加

図2-2 ■プロジェクトオーナーの役割

断するプロジェクトだと、プロジェクトマネジャーの権限の及ばない部門からリソースを確保する必要もあります。

プロジェクトマネジャー、メンバーがプロジェクトに時間を割けるように、定常業務を調整したり、部門を横断した調整をしたりするのはプロジェクトオーナーの役割です。

オーナーの役割② 要求・方向性の明示

プロジェクトオーナーに代表される「プロジェクト指揮」を担う人（チーム）は、まず、そのプロジェクトで何をしてほしいのかという要求を明確に示す必要があります。何を達成しなければならないのかがわからなければ、プロジェクトマネジャーは仕事のしようがありません。

しかし、実際には、要求はあいまいなことが多く、プロジェクトマネジャーの嘆きとして最もよく聞く声は、「上が何をしたいのかがよくわからない」というものです。プロジェクトオーナーは「プロジェクトで何をしてほしいのか」「それはどんな背景・問題意識から生まれたのか」を明確に示す必要があります。

オーナーの役割③ 計画・ベースラインの承認

プロジェクトオーナーは要求を出しっ放しにするのではなく、要求に沿ってプロジェクトマネジャーが具体化した計画を確認し、承認する必要があります。この承認された計画を「ベースライン」といいます。

計画は最初に立てて終わりではなく、プロジェクトの実行中、常に見直さなくてはなりません。でなければ、現実と計画がかけ離れてしまいます。フェーズ内でのタスクの調整はプロジェクトマネジャーが行いますが、マイルストーンの変更など、プロジェクト全体に影響を及ぼすものについては、プロジェクトオーナーの確認と承認を必要とします。

オーナーの役割④ エスカレーションの受け手

エスカレーションとは「自分では判断できない、もしくは権限を越えるものについて、上位者に対応を求めること」をいいます。**図2-1**における「例外」の線がエスカレーションにあたります。

トヨタ系の会社ではこの例外のエスカレーションを「打ち上げ」と呼び、問題が起こることよりも問題視します。

例外とは、プロジェクトマネジャーの権限を越える問題のことであり、いかに例外を早く検知し、対策を打つかがプロジェクトの成功を大きく左右します。プロジェクトマネジャーは「できるだけ自分でなんとかしよう」としてしまいがちです。プロジェクトオーナーはマネジャーが例外を打ち上げやすいように「悪い情報を歓迎する」態度が求められます。

オーナーの役割⑤ フェーズ終了の承認

開発の各フェーズが終了したかどうかを判断するのもプロジェクトオーナーの大事な役割です。オーナーの5つの役割をひと言でいえば、「プロジェクトに対してアカウンタビリティー（accountability）を持つ」ことだと言えます。アカウンタビリティーは「説明責任」と訳されますが、これは「求められればプロジェクトの状況を説明できるよう、いつでも準備ができている」ということです。

プロジェクトマネジャーの役割

プロジェクトマネジャーにも5つの役割があります（**図2-3**）。

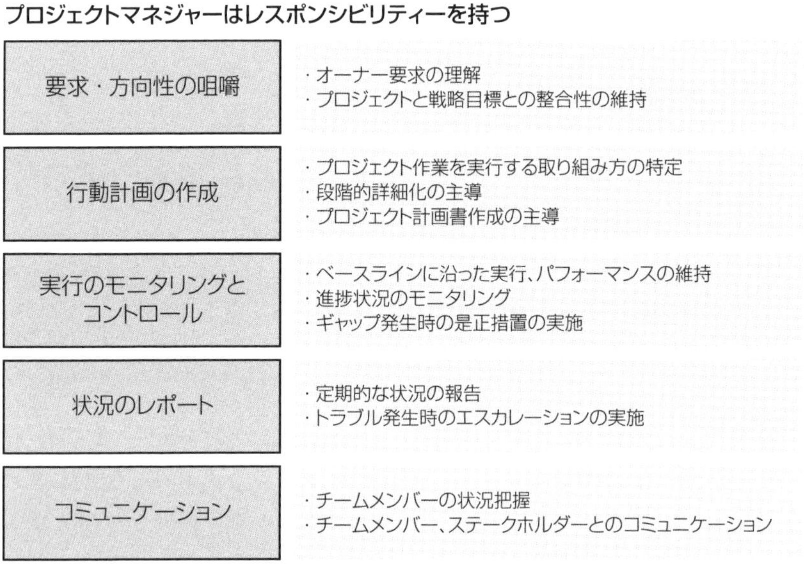

プロジェクトマネジャーはレスポンシビリティーを持つ

役割	内容
要求・方向性の咀嚼	・オーナー要求の理解 ・プロジェクトと戦略目標との整合性の維持
行動計画の作成	・プロジェクト作業を実行する取り組み方の特定 ・段階的詳細化の主導 ・プロジェクト計画書作成の主導
実行のモニタリングとコントロール	・ベースラインに沿った実行、パフォーマンスの維持 ・進捗状況のモニタリング ・ギャップ発生時の是正措置の実施
状況のレポート	・定期的な状況の報告 ・トラブル発生時のエスカレーションの実施
コミュニケーション	・チームメンバーの状況把握 ・チームメンバー、ステークホルダーとのコミュニケーション

図 2-3 ■プロジェクトマネジャーの役割

マネジャーの役割① 要求・方向性の咀嚼

プロジェクトオーナーに「要求・方向性の明示」の役割があるのと同時に、プロジェクトマネジャーには、その要求やプロジェクトの方向性を咀嚼する役割が求められます。ここでわざわざ「咀嚼」としているのは、要求は字面通りに受け取っただけでは理解できないからです。「それはつまりどういうことか」をかみ砕いて理解しなければ、ずれてしまうのです。プロジェクト初期のずれは、後半になって大きなずれに発展してしまいます。

マネジャーの役割② 行動計画の作成

プロジェクトの要求を咀嚼し、ゴールを設定できれば、あとは「どうやってそこにたどり着くか」を考える必要があります。ゴールまでのルート、つまりプロセスを設計し、それをタスクに分解し、スケジュールに変換する。それがプロジェクトマネジャーの重要な役割です。プロジェクトマネジャーは１人で計画を立てるのではなく、プロジェクトマネジャーが主体となって、メンバーと一緒に計画を立てます。

マネジャーの役割③ 実行のモニタリングとコントロール

プロジェクトの３つめの流れ「プロジェクト実行」は、成果物を作成するなどの具体的な作業を行います。プロジェクトマネジャーは、この作業の実行が計画通りに進んでいるのか、遅れているのか、また品質はどうなのかなど、状況を見続けます。問題があれば、対応策を考え指示を出します。この「見続ける」ことと、「状況に応じて対処する」ことを、モニタリングとコントロールと呼びます。

大規模なプロジェクトの場合、「プロジェクト実行」を複数のチームに分け、それぞれにサブリーダーを設けます。この場合、プロジェクトマネジャーは、チームの状況のサマリ（まとめ）をもらって、全体を把握し、状況に応じて指示を出します。

マネジャーの役割④ 状況のレポート

モニタリング状況と、どのような対処を行っているかについては、プロジェクトオーナーにはもちろん、プロジェクト内外のステークホルダーに常に発信し続ける必要があります。

プロジェクトマネジャーは、プロジェクトでトラブルや遅延が発生しても、自分でなんとか処理しようとしてしまいます。また、状況を知らせることで外野から文句や意見を言われるのを嫌がり、プロジェクトをブラックボックス化しがちですが、これは最も避けなければならないことです。

プロジェクトの状況を常に発信していれば、サポートが必要なときに援助が得られたり、方向性がずれたときには修正が入ったりします。外野からの文句・意見に対応するのは必要経費と割り切り、プロジェクトの透明性を高めたほうが結果として時間的・精神的コストは小さくなります。

マネジャーの役割⑤ コミュニケーション

プロジェクトがチームとして成長するには、コミュニケーションが欠かせません。プロジェクトマネジャーは、チームメンバー間の「コミュニケーションのハブ」となることが求められます。

また、「④状況のレポート」で説明したように、プロジェクトマネジャーはプロジェクト外に対して、プロジェクトの意義・成果を理解してもらえるよう、プロジェクトの存在をアピールしなければなりません。そうしなければ、せっかくの取り組みの効果が半減どころか、逆効果になってしまうことすらあります。

「①要求・方向性の咀嚼」「②行動計画の作成」「③実行のモニタリングとコントロール」「④状況のレポート」といったプロジェクトマネジャーの役割は、すべて「⑤コミュニケーション」がベースとなっています。プロジェクトオーナーが持つ「アカウンタビリティー」に対して、プロジェクトマネジャーは「レスポンシビリティー（responsibility）」を持ちます。レスポンシビリティーは「実行責任」と訳されます。しかし、プロジェクトマネジャーの役割は、作業やタスクを前に進めることではありません。コミュニケーションによって、プロジェクトが前に進む「状況を作る」ことなのです。

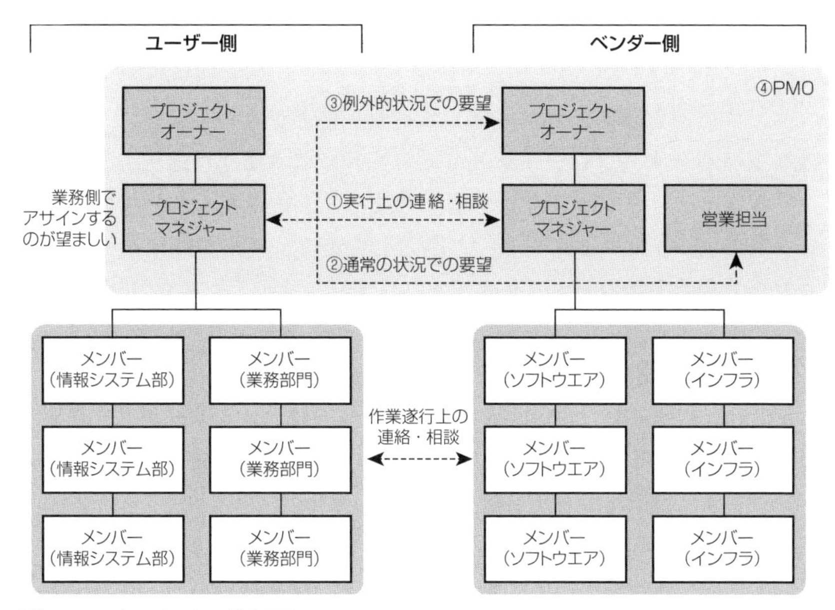

図 2-4 ■プロジェクト体制図

プロジェクトの体制を構築する

システム開発プロジェクトでは多くの場合、ユーザー企業、ベンダー企業の双方に「プロジェクトオーナー」「プロジェクトマネジャー」がいます。ここで各ポジションの役割や、それぞれのポジション間のつながりを見てみましょう（**図 2-4**）。

(1) ユーザー側のプロジェクトオーナー

ユーザー側のプロジェクトオーナーは、ユーザー企業の戦略や要求を示し、プロジェクトとのつながりを維持する重要な役割を担います。オーナーが企業としての戦略、要求を理解していなかったり、プロジェクトにコミットしていなかったりすれば、プロジェクトの成功率はグッと下がります。

ベンダー企業の目線で言えば、ユーザー側のプロジェクトオーナーが戦略を理解せず、プロジェクトにコミットしていなければ、大きなリスクを背負うことを覚悟しなければなりません。ベンダーとしては、ユーザー側のプロジェクトリーダーと協力しながら、何としてもオーナーの協力を引き出す努力をする必要があります。

(2) ユーザー側のプロジェクトマネジャー

システム開発における最も重要なポジションは、ユーザー側のプロジェクトマネジャーです。プロジェクトマネジャーの意識と能力次第で、プロジェクトは良いほうにも悪いほうにも転ぶからです。

いくらベンダー側のプロジェクトマネジャーが経験豊富で、能力があったとしても、ユーザー側のマネジャーの能力を超えることはできません。プロジェクトの品質は発注側の能力を超えることはできないのです。

システム開発においては、このマネジャーのポジションは情報システム部門からではなく、業務部門からアサインするのが望ましいでしょう。理由は2つあります。

まず、情報システムは、あくまでも戦略上、業務上の目的を達成するために構築するものだからです。情報システム部門からは、システムに求めるものがすべて見えているわけではありません。何を望んでいるかを知っている人物がリーダーとなるのが望ましいのは言うまでもありません。

もう1つの理由は、業務部門のコミットを促すためです。システム開発プロジェクトが失敗する要因の典型的なものとして、業務部門が「システムのことはよくわからないから、あとは情報システム部門でやっといてよ」と丸投げしてしまうことがあります。それでいて結果が出てから「こんなはずじゃなかった」というのはこのケースです。先に触れたように、システム開発プロジェクトは、業務部門のコミットがなければ成功は望めません。ユーザー自らがリーダーとして先頭に立ち、プロジェクトを先導することが求められるのです。

(3) ベンダー側のプロジェクトオーナー

ベンダー側のプロジェクトオーナーは、ユーザー側からすると「いるのか」「いないのか」がわからない存在です。しかし、ベンダー側のマネジャーがどれくらい顧客のためにコミットできるかは、オーナーの裁量に大きく影響されます。オーナーがリスク回避型、かつ社内での立場を重視するタイプであれば、マネジャーの動きは大きく制約されます。逆に、顧客重視型であれば、マネジャーの多少の無茶も許容してくれます。

ユーザー企業は、ベンダー企業のオーナーがどのような人物なのかを、プロジェクトの提案段階でよく見極め、プロジェクトに巻き込む必要があります。

(4) ベンダー側のプロジェクトマネジャー

ベンダー側のプロジェクトマネジャーに最も求められるものは何でしょうか。プロジェクトマネジメントの経験やスキルはもちろん必要ですが、最も重要なのは、ユーザー企業とコミュニケーションができるかどうかです。ベンダー側のマネジャーによく見かける困ったタイプは、技術には詳しくても、それをユーザーにわかりやすく説明できない、コミュニケーションが成立しない人です。ベンダー企業の中では優秀なのかもしれませんが、これではユーザーとの信頼関係を構築することはできません。

ベンダー側のプロジェクトマネジャーが心がけるべきは、「ユーザーの言葉で話す」ことです。ユーザーが知らない技術用語を並べ立てるのではなく、ユーザーがわかる言葉で話すことで、ユーザーとの共通認識を確立し、維持することを常に心がける必要があります。

体制は仕事をしない

プロジェクト計画書で「体制図」を描くと、それだけで実行されるような気分になってしまうものですが、いくら立派な体制図を描いても、体制図が仕事をするわけではありません。それぞれの役割が何をし、どのようにつながるのかを明確にする必要があります。

もっと重要なつながりは、いうまでもなく「プロジェクトマネジャー同士」です（**図2-4①**）。この2人がパートナーとして密にコミュニケーションをとり､共通認識を確立･維持することが何よりも重要です。ただ、この2人の間でコミュニケーションが成立すればいいのですが、実際には、技術者出身のプロジェクトマネジャーがユーザー側のプロジェクトマネジャーとうまく意思疎通できないケースも多く見られます。また､ユーザーにとって、ベンダーのプロジェクトマネジャーは「気を使う相手」であることも多く、はっきりと要望や不満を言えないことが多いのです。

ここで必要となるのが「営業担当」です（**図2-4②**）。ユーザー側のマネジャーは相手のマネジャーには言えないことも営業担当には気軽に相談できることが多いものです。営業担当は「案件獲得したらサヨナラ」ではなく、プロジェクトを通じて、双方のプロジェクトマネジャーの潤滑油としてコミュニケーションを補うことが求められます。

ただし、プロジェクトの「中止」や「契約解除」に発展しかねないほどのトラブル、不満などの場合は、営業担当では手に余ります。この場合は、ベンダー側のプロジェクトオーナーが受けつけることになります（図 2-4 ③）。ユーザーはいざというときのためにベンダーのプロジェクトオーナーとの直接の連絡手段を持っておくべきです。このつながりを持っていることで、問題が大きくなる前に対策を打てることもあるからです。

ユーザーとベンダーの間で起こるトラブルのほとんどは、「共通認識の不足」のよって起こるものであり、それは「コミュニケーションエラー」が引き起こします。ユーザーからすれば「言っていることが伝わらない」「同じことを何度も言わないといけない」ことほど、ストレスになるものはありません。

そういった事態を避けるためにも、普段から定期的にコミュニケーションをとる「場」を設けることが有効です。ユーザーとベンダーで一体となった「PMO（プロジェクト・マネジメント・オフィス）」（図 2-4 ④）を設置し、PMO が定期的（週 1 回など）な進捗会議を主催するようにします。

プロジェクトの進行が思わしくなかったり、ユーザーからベンダーに不満が寄せられたりするようになると、よく行われるのが「体制の変更」です。しかし、体制そのものが仕事をする訳ではありません。体制を機能させるのはコミュニケーションです。プロジェクトに問題があるとき、まず見直すべきは体制ではなく、コミュニケーションプロセスです。

2-3 プロジェクトを構成する 5つのプロセス群

ここまで、プロジェクトの大きな流れと役割分担について説明してきました。ここで、プロジェクトの流れを一段階ブレークダウンし、プロセスの観点で見てみたいと思います。

すでに触れたように、プロジェクトとは独自性と有期性を持った「不確実性」の固まりであり、「やってみないとわからない」性質を持ちます。この不確実性に対処するために、プロジェクトはいくつかの大きなプロセスに分けて運営されます。PMBOK（プロジェクトマネジメント知識体系）では、「立ち上げ」「計画」「実行」「監視・コントロール」「終結」の5つが定義されています。

この5つの呼称はややいかめしいので、筆者はそれぞれ「企む（たくらむ）」「段取る（だんどる）」「やる」「視る（みる）」「振り返る」と言い換えて表現しています（**図2-5**）。これらのプロセスは、それぞれが時

それぞれの段階の役割を理解する

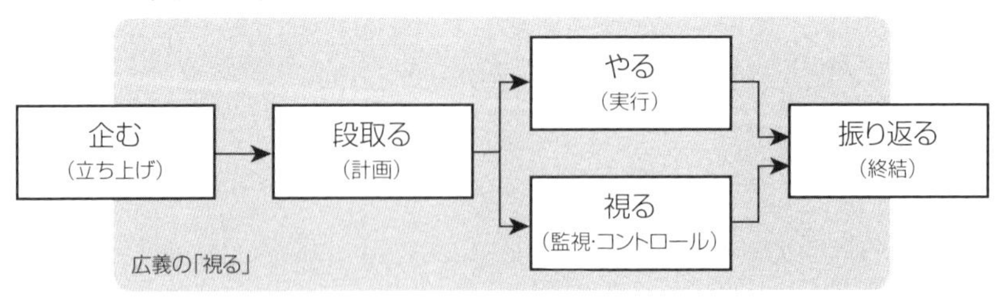

図2-5■プロジェクトマネジメントライフサイクル

それぞれのフェーズに5つのプロセスが存在する

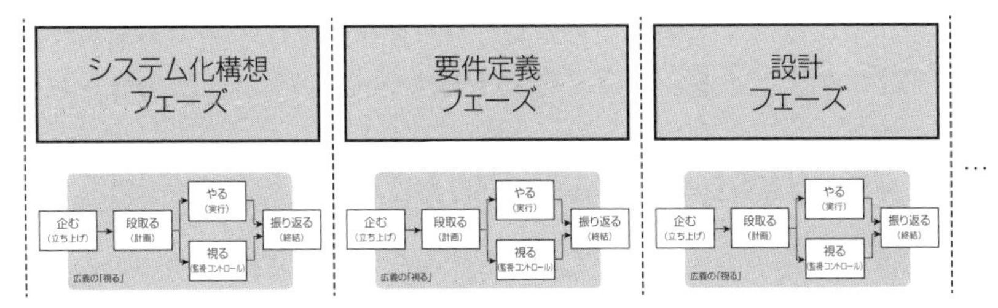

図 2-6 ■プロジェクトマネジメントのプロセス

間的に独立しているわけではなく、プロセスが折り重なる形で同時並行的に行われたり、繰り返し行われたりするのが通常です。

この５つのプロセスは、**図 2-1** に示したようにプロジェクト全体に存在するのと同時に、プロジェクトの各フェーズ（段階）それぞれにも存在します（**図 2-6**）。例えば「システム化構想フェーズ」の完了が近づいてきたら、「要件定義フェーズ」の「企む」プロセスが動き始めるというようにです。

ここで理解すべきは、５つのプロセスの手順ではなく、それぞれに「果たすべき役割」があるということです。順番にプロセスをなぞることに意味はありません。プロジェクトを成功させるには、それぞれのプロセスで意図されている役割を、適切な時期に果たすことが求められます。

プロセス① 企む（立ち上げ）

「企む（立ち上げ）」プロセスでは、プロジェクトに課せられた要求を理解し、プロジェクトの方向性を定めます。このプロセスでのキーワードは「共通認識」です。

すでに何度も触れていますが、プロジェクトには必ず「目的」が存在します。この目的を理解しなければ、プロジェクトは大きな不確実性を抱えたまま進んでしまいます。目的とは「なぜ、プロジェクトを立ち上げるのか？」という理由であり、プロジェクトのニーズです。プロジェクトの目的を理解するためには、背景にある状況や問題認識を把握する必要があります。

背景、問題認識を理解した上で、プロジェクトのターゲットを定義します。それがプロジェクトの「目標」です。目標とは「何をもってプロジェクトは成功したと判断するのか」という基準です。

目的と目標の２つを合わせて、プロジェクトの「ゴール」が見えてきます。このプロジェクトの「ゴール」について、オーナーとマネジャーとの共通認識を確立すること。そして、組織として正式にプロジェクト開始の承認を得ることが「企む」プロセスの役割です。

プロセス② 段取る（計画）

「企む（立ち上げ）」プロセスで、プロジェクトのゴールを明確に設定した上で、次に「どうやってそのゴールまでたどり着くか」を練るのが「段取る（計画）」プロセスです。

プロジェクトは「はじめて」の取り組みであり、「やってみないとわからない」という不確実性の固まりです。ですから、最初から詳細な計画を立てられるわけではありません。最初の計画の時点では情報が少なく、わかっていることのほうが少ないのが現実です。その時点、その時点でわかっている情報で計画を立て、徐々に詳細化していく必要があります。これを「段階的詳細化」といいます。

計画を立てる上で最も避けなければならないのは、「もっと詳細が決まってから計画を立てよう」とすることです。これではいつまでたっても計画を立てることはできません。実際、計画を立ててみなければ、「何が決まっていて、何が決まっていないのか」もわからないのです。

計画はプロジェクトを通じて継続的にメンテナンスされるものです。その時点でわかっている情報で立てられる計画を立てるのが原則です。

プロセス③ やる（実行）

計画を立てたら、実行に移ります。実行の間、プロジェクトマネジャーはプロジェクト内外とコミュニケーションを活発に行い、情報共有が保たれた状態を維持しなければなりません。プロジェクトマネジャーは、コミュニケーションの架け橋としての役割が求められます。

プロセス④ 視る（監視・コントロール）

プロジェクトは「やってみないとわからない」取り組みであるということは、逆にいえば「やってみるとわかることがある」ということでもあります。いくら綿密に計画を立てていても、計画通りにプロジェクトが進行することはまずありません。計画と実績には必ず「乖離（ギャップ）」が発生します。このギャップはネガティブなものではなく、「やってみてわかった」という計画による学習だと捉えるべきです。経験によって学習したことは、計画に反映すればいいのです。計画は守るのではなく、「使う」ものだという意識が必要です。

ギャップをリアルタイムに把握し、計画に反映するためには、プロジェクトの状況を常に「見続ける」必要があります。見続けなければ変化に気づくことができないからです。プロジェクトをスナップショットで見るのではなく、「動画」で見続けることで、変化に気づくことができるのです。

プロセス⑤ 振り返る（終結）

プロジェクトには「独自性」があり、それぞれのプロジェクトは一度きりの取り組みですが、個々のプロジェクトの経験から多くの教訓を得ることができます。うまくいったこと、いかなかったこと、どのような問題が起き、どう対処したのかなどを組織で共有し、組織のプロセスに反映する。「振り返る」プロセスの役割は、プロジェクトの経験から「教訓」を引き出し、改善策を考え、それを組織の「標準」に反映することです。この積み重ねが、組織のプロジェクトマネジメントの成熟度を高めていきます。

そして、これら5つのプロセス全体の状況を把握するのが、広義の「視る」プロセスです。プロジェクトマネジャーは、プロジェクトのどの側面においても、常に状況を「見続ける」必要があります。

以下の章では、「プロセス③やる」を除く4つのプロセスを順番に解説します。

第 3 章

「企む」プロセス

Project Management

3-1 プロジェクトの共通認識を確立する

第2章では、プロジェクト成功の条件として「プロジェクトと戦略の関係が維持されていること」の大切さを強調しました。戦略を実現するためにプロジェクトは存在し、プロジェクトには「要求」が課せられます。しかし、この要求は多くの場合、あいまいなものでしかなく、ここに大きな不確実性が隠れています。この要求を正しく理解し、不確実性を減らすことが、プロジェクトの1丁目1番地であり、要求を明確にしないままプロジェクトを実行したとしても、「間違ったことを正しく行う」ことにしかなりません。

プロジェクトマネジメントはカーナビゲーションにたとえることができます。カーナビは、ドライバーを誘導して目的地にまで連れて行ってくれますが、目的地が設定されていなければ、ルートを引くことも、誘導することもできません。プロジェクトも同じく、まず「目的地」を設定する必要があります。

カーナビと違い、プロジェクトがやっかいなのは、目的地を設定しなくても実行できてしまうことです。ゴールイメージが共有されなくても、なんとなく実行されるのです。しかしそうなると、プロジェクトが終わりに近づいてから、「思っていたものと違う」「こんなものが欲しかったわけじゃない」となってしまうわけです。

システム開発プロジェクトはユーザー企業の戦略的意図を実現するために存在しますが、その意図をユーザー企業の担当者が明確に理解しているとは限りません。ユーザー企業にしろ、ベンダー側にしろ、プロジェクトマネジャーの悩みとしてとても多いのは、「何がしたいのかがあいまい」「要求がコロコロ変わる」というものです。

ユーザー側のプロジェクトオーナーといっても、必ずしも、プロジェクトにコミットし、「どうしてもやりたい」という意気込みで取り組んでいるわけではありません。組織上、体制上、アサインされているだけということも多いのです。しかし、だからといってプロジェクトの要求があいまいなままでいいわけはありません。要求があいまいであれば、それを引き出し、明確にしていくのがプロジェクトマネジャーの役割です。

プロジェクトに対する共通認識を確立する

「企む」プロセスのゴールは、組織の承認を得てプロジェクトを開始することです。組織としてプロジェクトが開始できる前提条件は、プロジェクトオーナーとプロジェクトマネジャーが、プロジェクトのゴールについて共通認識を得ることです。この前提条件が満たされないままプロジェクトを開始すれば、プロジェクトはまず失敗します。

プロジェクトが失敗する大きな要因として、よく「コミュニケーションの失敗」が挙げられます。これは「コミュニケーションが不足していた」というよりも、「共通認識を得る努力が足りなかった」という場合が多いのです。では、何について共通認識を得るべきなのでしょうか。大きく3つあります。

共通認識① プロジェクトの目的

プロジェクトが立ち上がるときには、多くの場合、「会計システムの刷新」「BIシステムの構築」など、「何をするのか（WHAT）」は明らかになっています。プロジェクトマネジャーの仕事は、この「WHAT」を実行することですが、WHATの背景には必ず「WHY」があります。それがプロジェクトの目的です。

目的とは、プロジェクトが満たすべきニーズであり、「何のためにこのプロジェクトはあるのか？」というプロジェクトの存在意義でもあります。例えば、企業が情報システムを構築する場合なら、「手作業で行っている作業をIT化し、業務の効率化を図る」「データを蓄積し、マーケティングデータとして活用することで競争力を高める」などが目的に当たります。

プロジェクトマネジャーは「早く進めなければ！」と気負ってしまいがちですが、プロジェクトはあくまでも目的達成の手段です。実行自体が目的化しないように、「企む」プロセスでプロジェクトの目的を明確にし、実行中も常にプロジェクトの目的に立ち返る必要があります。

共通認識② 大まかなアウトプット

プロジェクトの目的を理解したら、次に大まかなアウトプットについて、プロジェクトオーナーと合意しておく必要があります。そのプロジェクトの「成果物は何か？」です。

プロジェクトの目的を達成する手段は1つではありません。目的をどのようなアウトプットで実現するのかは、さまざまな可能性があります。「販売管理を効率化したい」というニーズに対して、「Excelで表を作って管理しよう」というのと、「Webベースのシステムで、どこからでも入力・閲覧できるようにしよう」というのでは、ニーズの満たされ方がまったく異なります。

また、中間成果物について共通認識を持つことも重要です。例えば「要件定義」プロセスのアウトプットとしてどのような成果物を求めるのかによって、プロセスに含まれる作業も違ってきます。ベンダー側が思っている「設計書」と、情報システム部門が考える「設計書」がまったく違っていた、というのはよくあることです。

共通認識③ 大まかなプロセス

大まかなアウトプットとともに、「企む」プロセスで合意しておくべきなのが、大まかなプロセス（進め方）です。細かい作業をリストアップするのではなく、プロジェクトの要求を満たすための進め方について、オーナーとマネジャーで合意します。

例えば、「要件定義」フェーズとひと口にいっても、ユーザー側は「あるべき業務」を考えるBPR（ビジネス・プロセス・リエンジニアリング）を含むと考えているのに対し、ベンダー側は「システムの振る舞い」を定義するとしか考えていないケースもあります。

また、プロジェクトの前提条件によってもプロセスを変える必要があります。例えば、システム化構想や要件定義は１次請けベンダーが行い、設計以降のフェーズを２次請けベンダーが行う場合、定義された要件の品質に懸念があるケースが多いものです。この場合、いきなり設計に入るのではなく、要件定義の品質確認プロセスを設けるなど、プロジェクトの状況に応じて進め方を変える必要があります。

「段階的詳細化」アプローチ

「企む」プロセスは、プロジェクトを「目的」「成果物」「プロセス」の３つの側面から見ることで、プロジェクトに対する理解を深める役割を持っています。

しかし、先にも述べたように、企むプロセスの段階では、プロジェクトのアウトプットや進め方について、詳細に決めることはできません。要求を詳細化していくこと自体、プロジェクトに含まれるからです。

だからといって、何も決めないままプロジェクトを進めれば、コントロールできなくなります。そこで「段階的詳細化」というアプローチをとります。段階的詳細化とは簡単にいえば「わかるところまで計画して、わかった時点でさらに詳しく計画する」というものです。

「細かいことが決まっていないから」と、計画を後回しにすると、「何がわかっていて、何がわかっていないのか」がわかりません。つまり、どんな情報を集めればいいのかすらわからないのです。

しかし、「わかるところまでやる」アプローチをとれば、「わかっていないことがわかる」わけですから、何を知ればいいのか、どんな情報が手に入れば計画を詳細化できるかがわかるわけです。

この段階的詳細化のアプローチは、ソフトウエア設計と同じアプローチです。ソフトウエア設計では、対象となる領域をいくつかの機能に分け、機能をさらにいくつかのモジュールに分け…というように徐々にブレークダウンしていきます。徐々に小さくしていくことで、抜けや漏れをなくすことができ、考える範囲を限定することができるのです。

3-2 プロジェクトの目的を理解する

プロジェクトには「顧客」が存在します。ここでいう顧客とは、自社の製品やサービスを買ってくれる人ではなく、プロジェクトの結果を利用する人のことです。企業の情報システムであれば、プロジェクトの立ち上げを決めた経営層や、情報システムを直接使う業務メンバーになります。「企む」プロセスでは、このプロジェクトの顧客がどのようなニーズを持っているのかを明らかにする必要があります。

そのために行われるのが、関係者へのヒアリングです。ヒアリングは場当たり的にやるのではなく、構造的に取り組む必要があります。

ヒアリングプロセスを設計する際、フレームワークとして便利なのが「顧客ロードマップ」(Customer Roadmap)です(**図3-1**)。また、ヒアリングするときのポイントは、以下の3点について事前に考えておくことです。

ヒアリングのポイント① 誰に聞くべきか

どんな立場の人に聞くのか、どれくらいの人数に聞くのか、最も情報が得られそうなユーザーは誰かを事前に検討しておくことで、ヒアリングの質を高めることができます。

ヒアリングのポイント② 何を聞くべきか

どんな情報が欲しいのかを質問リストの形にしておきます。先方が回答に時間や準備が必要なものなら、事前に質問リストを送っておくのも

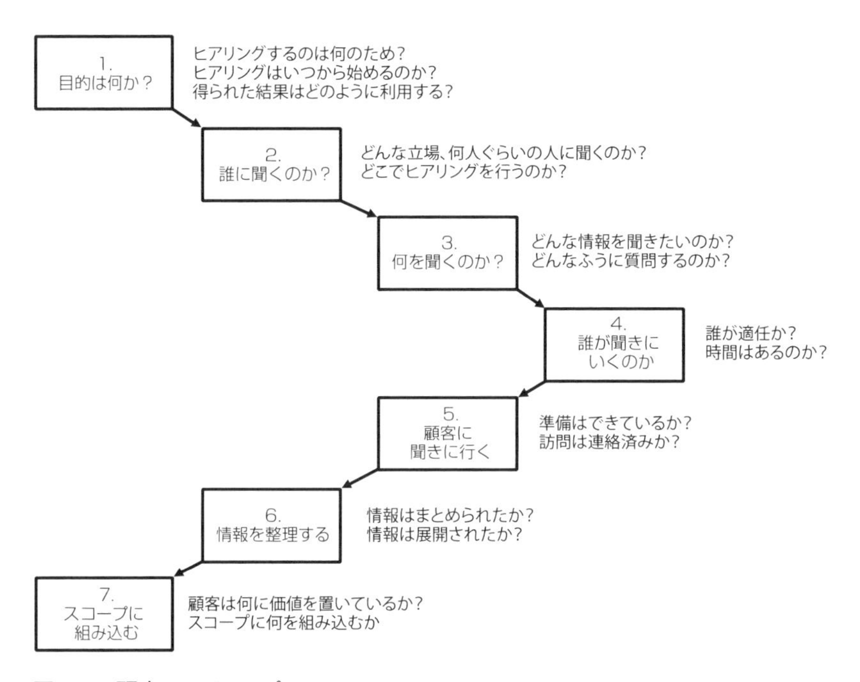

図 3-1 ■顧客ロードマップ
出所：「プロジェクトマネジメント・ツールボックス」（ドラガン・ミロセビッチ／鹿島出版会）をもとに作成

一つの手です。

ヒアリングのポイント③ いつ聞くべきか

得られる情報の質は、ヒアリングするタイミングにも左右されます。ユーザーが情報を提供できる準備が整っているタイミングをはかり、時間を確実にとってもらえるように計画を立てることが必要です。

6つのRでプロジェクトの要求を理解する

顧客ロードマップはヒアリングを構造化するのに便利なツールですが、プロジェクトマネジャーとしては「何をどこまで聞けば、プロジェクトを始めていいのか」が悩みどころです。このとき便利なのが「6R」フレームワークです（**図3-2**）。

このフレームワークは、本来プロジェクトオーナーが自身の要求を整理するために筆者が開発したものです。しかし、オーナーの立場にある人は多忙であるのに加え、自身の要求を明文化することに慣れていないことが多く、オーナーが記述するのを待っていると時間だけが過ぎていくことになってしまいます。そこでこのフレームワークをヒアリングで活用することで、双方向のコミュニケーションが可能になり、オーナーの要求を整理しながらマネジャーも自身の頭を整理することができます。

「6R」は6つの箱で構成されています。縦に「状況（Real Situation）」「問題意識（Recognition of issues）」「解決策（Requirements）」の3つ、その下に「意図・裏づけ・仮説（Reasons）」「今回のスコープ（Range of Work）」「期待する成果（Results）」の3つが横に並んでいます。

それぞれのボックスには、「今、何が起きているか？」「その状況をどう捉えているか？」「どんなアプローチで解決するのか？」「なぜ、その解決策なの？」「今回は何をすればいいの？」「どんな成果を見込んでいるの？」という問いが置かれています。これらの問いを使うことで、プロジェクトの「ゴール」を的確に把握できます。これらの情報を基に、この後の計画を立てればいいのです。

ここで、具体的な例を見てみましょう（**図3-3**）。

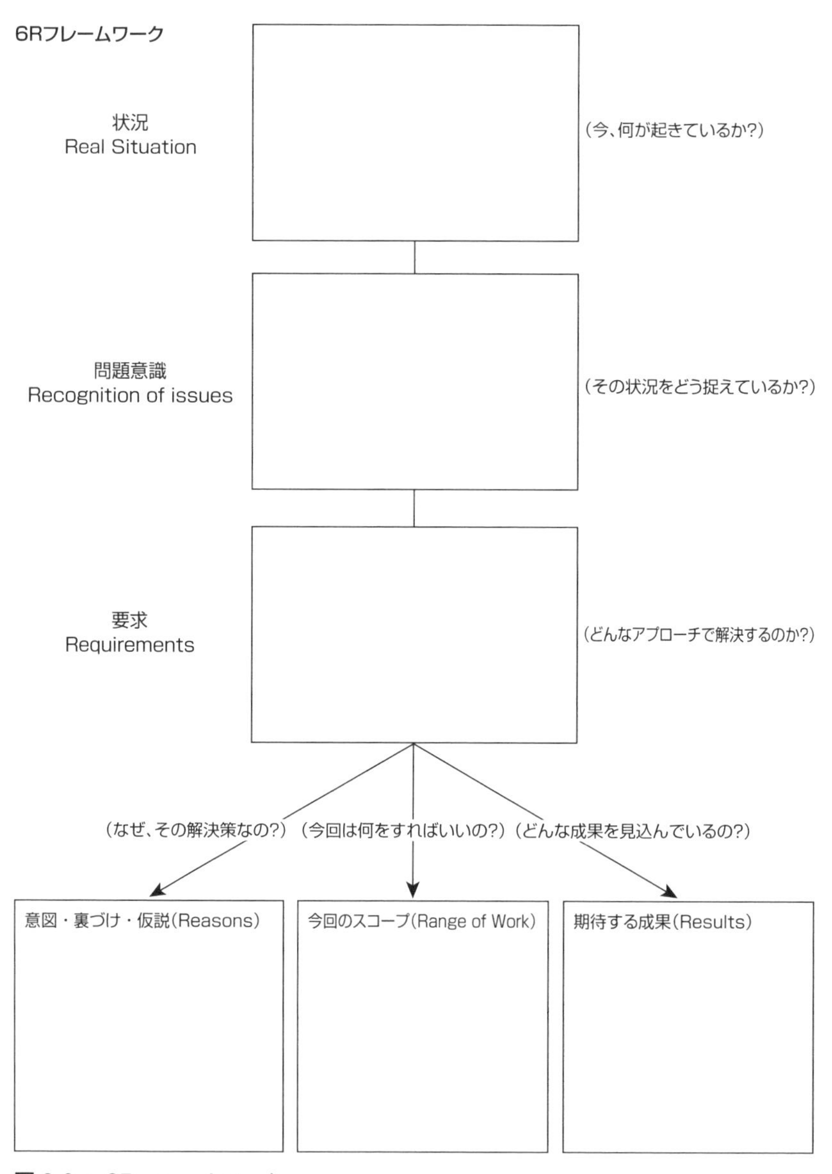

図 3-2 ■ 6R フレームワーク

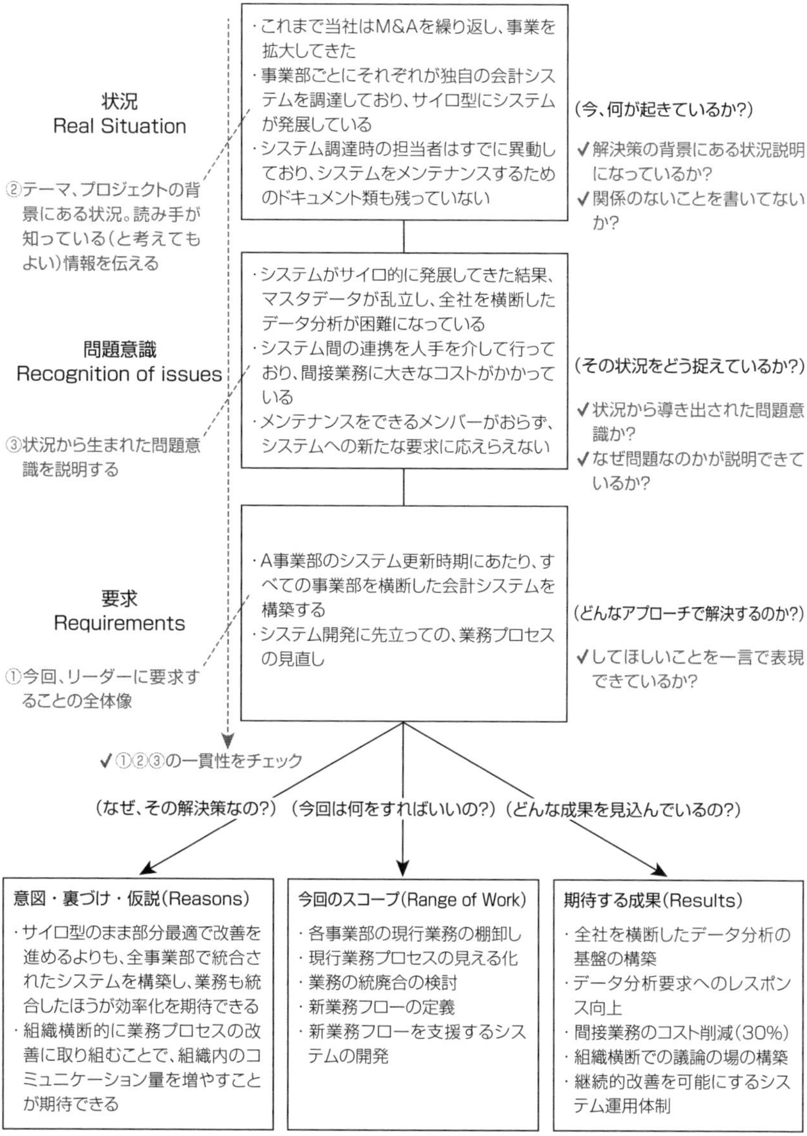

状況
Real Situation

②テーマ、プロジェクトの背景にある状況。読み手が知っている（と考えてもよい）情報を伝える

・これまで当社はM&Aを繰り返し、事業を拡大してきた
・事業部ごとにそれぞれが独自の会計システムを調達しており、サイロ型にシステムが発展している
・システム調達時の担当者はすでに異動しており、システムをメンテナンスするためのドキュメント類も残っていない

（今、何が起きているか?）
✓解決策の背景にある状況説明になっているか?
✓関係のないことを書いてないか?

問題意識
Recognition of issues

③状況から生まれた問題意識を説明する

・システムがサイロ的に発展してきた結果、マスタデータが乱立し、全社を横断したデータ分析が困難になっている
・システム間の連携を人手を介して行っており、間接業務に大きなコストがかかっている
・メンテナンスをできるメンバーがおらず、システムへの新たな要求に応えらえない

（その状況をどう捉えているか?）
✓状況から導き出された問題意識か?
✓なぜ問題なのかが説明できているか?

要求
Requirements

①今回、リーダーに要求することの全体像

・A事業部のシステム更新時期にあたり、すべての事業部を横断した会計システムを構築する
・システム開発に先立っての、業務プロセスの見直し

（どんなアプローチで解決するのか?）
✓してほしいことを一言で表現できているか?

✓①②③の一貫性をチェック

（なぜ、その解決策なの?）（今回は何をすればいいの?）（どんな成果を見込んでいるの?）

意図・裏づけ・仮説（Reasons）
・サイロ型のまま部分最適で改善を進めるよりも、全事業部で統合されたシステムを構築し、業務も統合したほうが効率化を期待できる
・組織横断的に業務プロセスの改善に取り組むことで、組織内のコミュニケーション量を増やすことが期待できる

今回のスコープ（Range of Work）
・各事業部の現行業務の棚卸し
・現行業務プロセスの見える化
・業務の統廃合の検討
・新業務フローの定義
・新業務フローを支援するシステムの開発

期待する成果（Results）
・全社を横断したデータ分析の基盤の構築
・データ分析要求へのレスポンス向上
・間接業務のコスト削減（30%）
・組織横断での議論の場の構築
・継続的改善を可能にするシステム運用体制

図 3-3 ■ 6R フレームワークを使った具体例

ステップ1「要求（Requirements）」

記述順を定めているわけではありませんが、まずは縦の列3つめの「要求」からヒアリングすると、相手も答えやすいでしょう。具体例では「事業部を横断した会計システムを構築」「業務プロセスの見直し」が大きな要求として書いています。これがプロジェクトに課せられた使命、つまりプロジェクトの「WHAT？（何をするのか？）」です。

ステップ2「状況（Real Situation）」

次に「状況（Real Situation）」に移ります。状況とは要求の背景にある「事実」です。オーナーとプロジェクトマネジャーがお互いに「そうだよね」と事実を確認することで、コミュニケーションの基盤を作ります。具体例では「これまで当社はM＆Aを繰り返し、事業を拡大してきた」「事業部ごとにそれぞれが独自の会計システムを調達しており、サイロ型にシステムが発展している」「システム調達時の担当者はすでに異動しており、システムをメンテナンスするためのドキュメント類も残っていない」とあります。これをベンダー側が聞けば「なるほど」と状況を把握できます。

ステップ3「問題認識（Recogniton of issues）」

「状況（Real Situation）」で語られるのはあくまでも「事実」です。この状況、事実に対して、プロジェクトオーナーが何を問題だと思っているのか、それが「問題認識（Recognition of issues）」です。現状がそのままでよければ、わざわざプロジェクトを立ち上げることはしません。何か問題だと思っているからプロジェクトを立ち上げるわけです。

具体例の状況に書いた「サイロ化している」というのはあくまでも状況です。サイロ化した結果、何が起こっているのか？何を解消したいのか？を確認する必要があります。具体例では「サイロ化した結果、全社を横断したデータ分析が困難になっている」かつ「メンテナンスが困難になっている」ことが問題だとしています。

ステップ4「意図・裏づけ・仮説（Reasons）」

ここに至るまでに「状況」「問題認識」「要求」を把握できています。ステップ4で確認したいのは、「なぜ、その要求なの？」です。「要求」を言い換えれば問題に対する「解決策」です。その解決策が有効だと考えているわけですから、「なぜ、有効だと考えているのか？」を確認することで、要求の明瞭度を高めることができます。

具体例では「サイロ型のまま部分最適で改善を進めるよりも、全事業部で統合されたシステムを構築し、業務も統合したほうが効率化を期待できる」「組織横断的に業務プロセスの改善に取り組むことで、組織内のコミュニケーション量を増やすことが期待できる」とあります。理由を確認することで、なぜその要求なのかという意図が見えてくるのです。

ステップ5「今回のスコープ（Range of Work）」

次にプロジェクトの大まかなスコープを定めます。スコープとは「プロジェクトの範囲」です。プロジェクトは結果を満たせばいいというわけではありません。結果を満たすまでの方法が要求側のイメージとずれていれば、それは不満のもとになります。そこで「どんなこと（作業）をしてほしいと望んでいるのか」を確認するのです。

具体例では「各事業部の現行業務の棚卸し」「現行業務プロセスの見える化」「業務の統廃合の検討」「新業務フローの定義」「新業務フローを支援するシステムの開発」とあります。「業務の統廃合」についてはBPR（ビジネス・プロセス・リエンジニアリング）領域であるため、ベンダーは考慮していなかったということも起こり得ます。この段階でずれが把握できれば、提案や見積もりに考慮することが可能となります。

ステップ6「期待する成果（Results）」

スコープまで確認できれば、プロジェクトの要求を理解できたような気になってしまいますが、もう一歩、踏み込んでヒアリングする必要があります。それは、今回のプロジェクトによってどのような「成果」を期待しているかです。

システムを開発することは、あくまでも手段にすぎません。定められたQCDでスコープの作業を実行できたとしても、システムを開発した先にある成果が生み出されなければ、プロジェクトは失敗です。ここでは、プロジェクトの成果物はそのあとどのように利用されるのか、プロジェクトを実行することによってどんな効果を期待しているのか、を聞き出します。

具体例では「全社を横断したデータ分析の基盤の構築」「データ分析要求へのレスポンス向上」「間接業務のコスト削減（30%）」「組織横断での議論の場の構築」「継続的改善を可能にするシステム運用体制」が期待する成果として挙げられています。これらの期待は、あえて聞かなければ語られることが少ないものです。スコープから一歩踏み込んで「成果」を聞くことで、プロジェクトの成功基準が見えてくるのです。

また、ユーザー企業であれば「6R」を使ってプロジェクトオーナーから背景・問題認識・要求を聞き出すことで、ベンダーへの「RFP（Request for Proposal：提案依頼書）」も作りやすくなります。

仕様の奥にある「真の要求」を理解する

プロジェクトマネジャーが最も陥りやすいワナは、プロジェクトを前に進めること、プロジェクトを完了させることが目的になってしまうことです。そのワナに陥らないためには、ヒアリングの間だけではなく、プロジェクトを通じて常に「上位目的」を意識し続ける必要があります。

上位目的とはプロジェクトの先にある目的のことです。筆者はよく「中目黒に住みたい」という要求をたとえ話として使います。

ある日、不動産屋にやってきたお客さんが「中目黒に住みたい」と言ったとします。すると、不動産屋はどのような質問をお客さんに投げかけるでしょうか。「家賃はいくらまでですか」「間取りは」「駅からどれくらい」と、具体的なスペックの話をどんどんするはずです（**図 3-4**）。

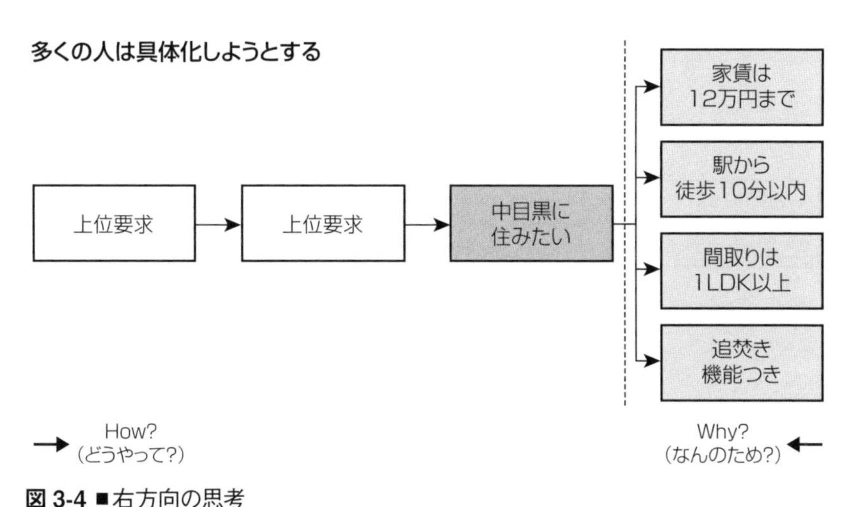

図 3-4 ■右方向の思考

しかし、お客さんから示された具体的な条件に合う物件はなかったとします。お客さんに連絡先を聞いて、いい物件があればすぐに連絡するという約束をします。

3日後、ちょうどいい物件が出てきたので早速連絡してみたところ、お客さんはこう言います。「すいません。決まっちゃいました」。

不動産屋は尋ねます。「中目黒でいい物件がありましたか？」「いいえ、吉祥寺で決まりました」とお客さんは答える。

なぜ、こんなことが起こるのでしょうか？

それを理解するには、お客さんはそもそも何のために中目黒に住みたいのかを理解する必要があります。例えば「知名度の高い駅に住みたい」とか、「おしゃれな町に住みたい」とか、もしくは「通勤時間を40分以

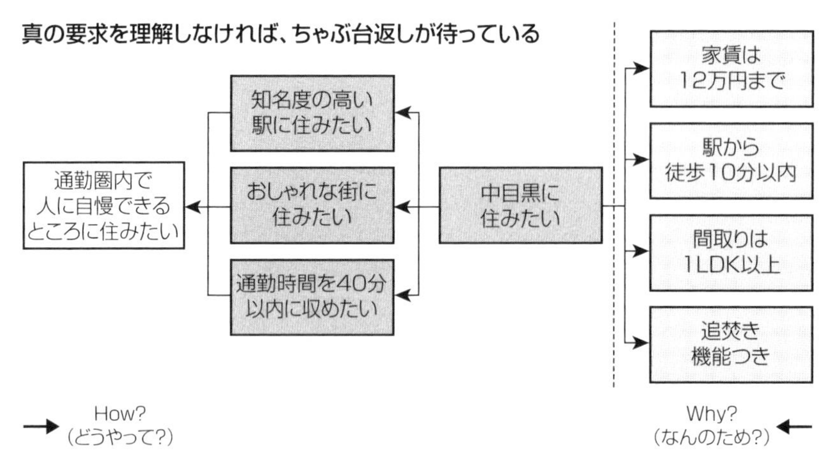

図3-5 ■左方向の思考

内に収めたい」などが考えられます。さらにいえば「通勤圏内で人に自慢できるところに住みたい」という要求かもしれない。これが上位目的です（**図3-5**）。

同じように、システム開発プロジェクトにおいても、「会計システムを統合する」という直接的な要求の奥には上位目的があるはずです。しかし、多くのプロジェクトマネジャーは早くプロジェクトを進めようとして、「予算は？」「納期は？」「メンバーは？」「機能は？」と具体的なことを決めたがります（**図3-6**）。

しかし、6Rフレームワークによるヒアリングで見てきたように、会計システムを統合する向こうには、「間接業務の効率化」「データ分析の迅速化」「組織のコミュニケーション量の増加」があり、さらなる上位目的を考えれば「データを武器とした競争力の向上」が戦略的な意図としてあることがわかるはずです（**図3-7**）。

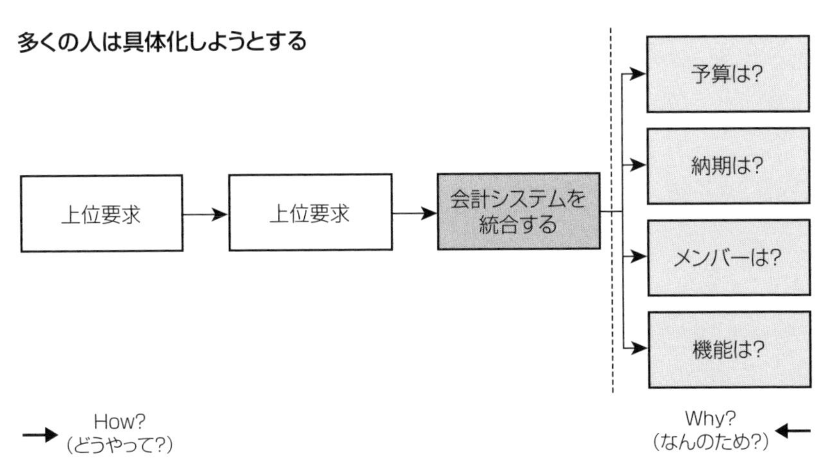

図3-6 ■右方向の思考

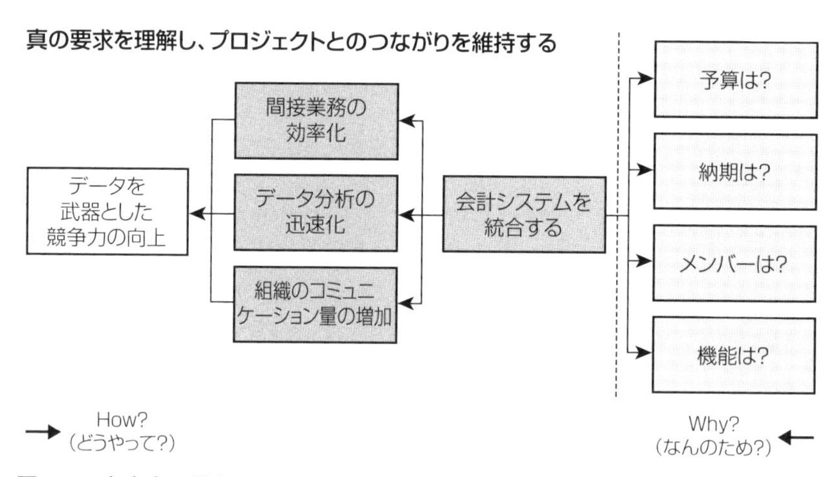

図 3-7 ■左方向の思考

プロジェクトの実行中、プロジェクトマネジャーは様々な場面で意思決定を求められます。このとき「どうやってプロジェクトを終わらせるか」ではなく、「そもそも何のためのプロジェクトなのか」を判断基準にしなければなりません。そのためにも、この段階で左向きに思考し、上位目的とプロジェクトとのつながりを明確に認識する必要があるのです。

3-3 大まかなアウトプットを定める

プロジェクトへの要求、背景を把握したら、次は要求を満たすための大まかなアウトプットを定義します。詳細なアウトプットは「段取る（計画)」段階で定義しますが、プロジェクトの初期で大まかなものを決めておくことで、予算感とスケジュール感を得ることができます。

また、このタイミングで大まかなアウトプットを決めておくのは、プロジェクトスポンサーやステークホルダーとの認識の違いをなくすためです。例えば、ユーザーとしてはプロジェクトの範囲の中に「ユーザーマニュアル」は入っていると認識しています。一方、ベンダーは「画面仕様書」と「操作仕様書」がユーザーマニュアルだと認識しているかもしれません。

よく起こるのは、ユーザーは今後の保守運用を考えて詳細な設計書を求めているのに、ベンダーは簡単な設計書しか想定していなかったり、ユーザーはテスト仕様書はもらえるものと思っていたのに、ベンダーは提出するつもりはなかったりというようなケースです。

こういった認識違いを防ぐためにも、「企む」プロセスでは大まかにアウトプット（成果物）を定義しておくのです。ここで使うツールが「WBS（Work Breakdown Structure)」です。

WBSを作成する際には、守らなければならないルールがいくつかあります。それらのうち最も重要なルールは「子の要素をすべて足すと、親の要素に等しくなる」というもので、これを「100%ルール」といいます。

言い換えれば、プロジェクトの要素を「モレなく、ダブリなく（MECE = Mutually Exclusive and Collectively Exhaustive）」洗い出さなくてはならないということです。

ここで「プロジェクトの要素」について説明しておきましょう。WBSは、日本語では「作業分解図」と訳されます。であるならば、プロジェクトの要素は「作業」であるはずですが、これは誤解を招きます。WBSでいうところの「Work」とは本来、「作業した結果生み出されたもの＝成果物」を指します。つまり、WBSとは「成果物分解図」であり、プロジェクトの要素とは「成果物」であるべきです（**図3-8**）。

プロジェクトを作業で分解するのは間違いではありませんが、この段階において作業分解するのは危険です。なぜなら、プロジェクトとは「やったことがないこと」に取り組むことであり、この段階ではプロセスは見えていないはずだからです。にもかかわらず、作業WBSは「なんとなく書（描）けてしまう」ところに危険性があります。なんとなく書けてしまうために、抜け・漏れが検出しにくいのです。

成果物が分解できたら、それぞれの成果物についてフォーマット（ひな型）を確認するとより安心です。定型フォーマットがない場合も、どのような情報を、どのような方式で、どのような粒度（細かさ）で記述するのかを確認しておくことです。

同じ「詳細設計書」という名前であっても、ベンダーによっては要件定義に毛の生えたようなものの場合もありますし、ロジックを詳細に記述するところもあります。

ユーザー側からすれば、成果物のフォーマットを確認することで、ベ

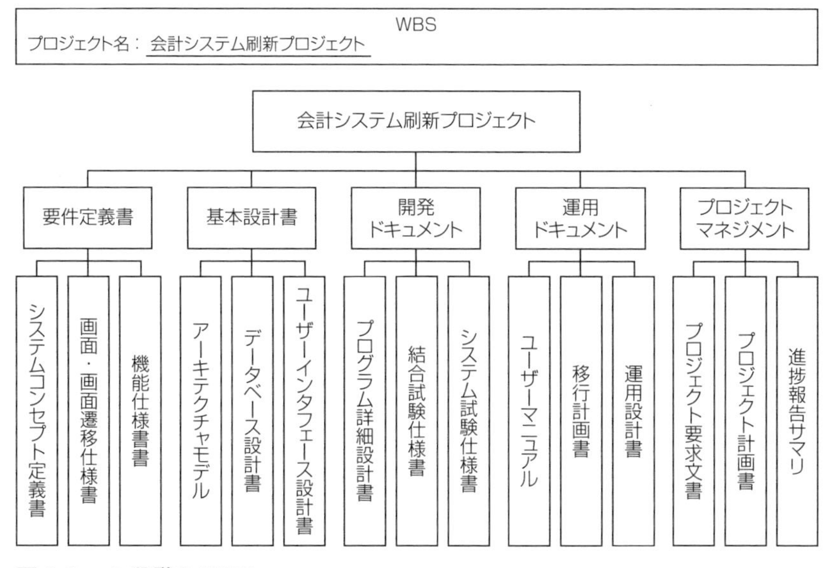

図 3-8 ■ 3 段階の WBS

ンダーの技術レベルを確認することができますし、この段階で成果物イメージのずれを無くしておけば、あとで無用のトラブルが起こることを防ぐことができます。

3-4 プロジェクトを定義する

6R フレームワークを使ったヒアリングで明らかになるのは、あくまでも「要求」です。つまり「〜したい」という「思い」であり、まだ決定されたものではありません。この要求を基に、プロジェクトリーダーはその正当性（やる意味）や実現可能性（できるか）を、あらゆる側面（技術、リソース、期限など）から検討する必要があります。

検討した結果、プロジェクトとして実行可能であると判断すれば、正式な文書でプロジェクトを定義する必要があります。ここで作成するのが「プロジェクトチャーター（プロジェクト憲章）」です（図3-9）。

プロジェクトチャーターとはプロジェクトの定義書です。プロジェクトチャーターはプロジェクトチームのよりどころとなります。最初に作って終わりではなく、進捗会議の場など、折に触れ見返すことをお勧めします。見返すことで、プロジェクトと上位目的とのつながりを維持しやすくなります。特にプロジェクトメンバーは、マネジャーと違い、プロジェクトの背景、問題意識についてオーナーと直接やり取りしているわけではありません。実行を担うメンバーとの共通認識を確立するためにも、プロジェクトチャーターは重要な役割を果たします。

プロジェクトチャーターの具体例を図3-10に示しました。3つの項目について補足します。

プロジェクトチャーター

プロジェクト名：＿＿＿＿＿＿＿＿　　更新日：＿＿＿＿＿＿

プロジェクトの使命：

ビジネスの目的：

プロジェクトの目標：
・完了時期
・品質
・予算（時間）
・評価指標（KPI）

チームメンバー:

プロジェクトマネジャー：

プロジェクトオーナー：

主要なマイルストーン	時期	時間

図 3-9 ■プロジェクトチャーター

プロジェクトの使命

使命とはプロジェクトの「What ？」です。具体例では「全社統合会計システムの構築」となっています。「このプロジェクトで何をするのか」がわかるように、ひと言でシンプルに表現します。

ビジネスの目的

ここで「プロジェクトの目的」とせず、「ビジネスの目的」としている

プロジェクトチャーター

プロジェクト名： 会計システム刷新プロジェクト　　更新日： 2017年10月1日

プロジェクトの使命： 全社統合会計システムの構築

ビジネスの目的：

データ分析を武器とした競争力を高めるため、事業部ごとに乱立している会計システムを統合し、組織を横断したデータ分析を可能とする基盤として会計システムを構築する。システム構築にあたり、業務プロセスの見直しも同時に行い、間接業務の効率化を図るものとする

プロジェクトの目標：

・完了時期　2019年9月1日 稼働開始　・評価指標(KPI)　間接業務コスト30%削減

・予算(時間)　500百万円　データ分析レスポンス 50%向上

チームメンバー：

プロジェクトマネジャー： 鈴木一郎　　プロジェクトオーナー： 山田太郎

主要なマイルストーン	時期	時間
新業務フロー設計完了	2017年12月末	
要件定義完了	2018年4月末	
設計完了	2018年8月末	
受入テスト開始	2019年3月末	

図 3-10 ■プロジェクトチャーターの記入例

のは、プロジェクトが持つビジネスとしての意味を表現するためです。この欄は、戦略とプロジェクトをつなぐ機能を持っています。何のためにこのプロジェクトは存在するのか。プロジェクトの「Why ？」に答えるものです。

「上位目的」「スコープ」「成果」の３点セットで考えると書きやすいでしょう。具体例でいえば、次のようになります。

上位目的：データ分析を武器として競争力を高める
スコープ：会計システムを統合
成果　　：組織を横断したデータ分析を可能とする、間接業務の効率化

このように3つの要素を含めることで、戦略とプロジェクトの「つながり」が読み取りやすくなります。

プロジェクトの目標

「プロジェクトの目標」は、どうなればこのプロジェクトは成功したといえるのか、その成功基準を示すものです。

可能であれば、間接的にプロジェクトに関わることになるライン部門、スタッフ部門のメンバーにも集まってもらい、キックオフミーティングを開催します。ステークホルダーが集まった場で、プロジェクトチャーターを基にプレゼンテーションすることで、プロジェクトが組織として承認され、組織が実行にコミットしていることを示すことができます。

3-5 プロジェクトライフサイクルを設計する

プロジェクトが立ち上がってから終結するまでの間、プロジェクトはいくつかの段階をたどります。この段階を「フェーズ」と呼びます。「要件定義フェーズ」「基本設計フェーズ」「実装フェーズ」「評価フェーズ」などは、読者もご存じでしょう。プロジェクトはフェーズのまとまりであり、このフェーズの集合全体を「プロジェクトライフサイクル」と呼びます。

1992年にNASAのSEL（Software Engineering Laboratory）が発行したソフトウエア開発マネジメントのガイドライン「Recommended Approach to Software Development, revision3」では、次の8つのフェーズを定義しています（**図3-11**）。

1. Requirements Definition（要求定義）
2. Requirements Analysis（要求分析）
3. Preliminary Design（基本設計）
4. Detailed Design（詳細設計）
5. Implemetation（実装）
6. System Testing（システムテスト）
7. Acceptance Testing（受け入れテスト）
8. Maintainance & Operation（運用保守）

フェーズの区切り方は固定されたものではありません。要求の性質、組織やプロジェクトを取り巻く状況によって、どのようにフェーズを切

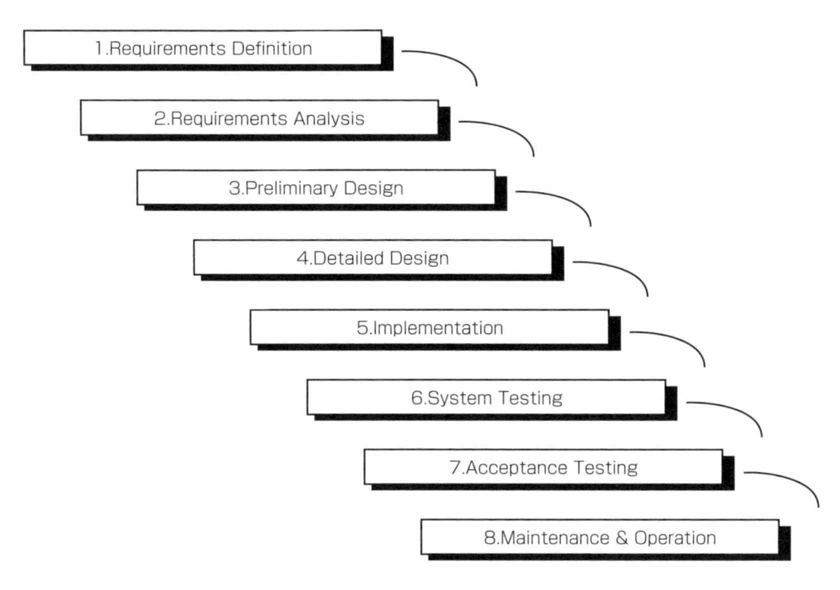

図 3-11 ■ NASA アプローチで定義する 8 つのフェーズ
（出所：「Recommended Approach to Software Development, revision3」（NASA Software Engineering Laboratory、1992））

るかは変わってきます。考え方としては「どうすれば不確実性を減らせるか」を基にフェーズ設計をするべきです。

例えば、システム構築がお題目（スローガン）となっていて、組織としての戦略や目的がはっきりしていない状況であれば、最初に「システム化構想」フェーズを設ける場合もあります。また、技術的リスクが高く、課題が不透明な状況であれば、先に小さく実験的にモジュールを開発するなど「技術検証」フェーズを設けることもできます。

また、ビジネス上の制約で要件が流動的な場合は、**図 3-11** で挙げた NASA アプローチのようなウォーターフォール式ではなく、インクリメンタル開発やイテレーティブ開発のような繰り返し型で進めることも考えなければなりません。

フェーズの終了は、多くの場合、マイルストーンが設定され、経営層のプロジェクトレビューを受けます。これは「フェーズゲート」とも呼ばれ、プロジェクトを続行するのか、軌道を修正するのか、もしくは中止するのかなどが検討されます。

フェーズの完了基準を明確にする

フェーズは必ずしもリニアに進行するものではなく、折り重なる場合もあります。しかし、それぞれのフェーズ内で終わらせるべきことを次のフェーズに持ち込むのは避けなければなりません。これを筆者は「フェーズ内完結の原則」と呼んでいます。

このフェーズ内完結の原則が守られなければ、例えば要件定義があいまいなまま設計フェーズに突入し、設計しながら要件を定義することになってしまいます。要件定義をしながらの設計では設計が二転三転し、設計品質を保つことができません。

さらに、設計フェーズには当然、要件定義の工数は計画されていませんから、数字上はしばらくスケジュールをキープできているように見えても、実際には遅れがどんどん進行していることになります。

フェーズ内完結の原則を守るためには、フェーズごとに「完了基準(Exit Criteria)」を設け、フェーズゲートでフェーズ移行判定を行うことが必要です。完了基準はできるだけ「YES/NO」の二値で判断できるものを設定してください。「要件定義が終わっていること」のような基準は、何をもって終わったのかがわからないので完了基準としては不適切です。

「全業務部門の担当者へのヒアリングが完了し、全部門の要求に対して優先順位がつけられている」「設計レビューが完了し、レビュー指摘事項が◯件以内に収まっていること」のような具体的な基準を設定します。

先ほど触れたNASAアプローチでは、「Requirements Analysis Phase（要求分析フェーズ）」の完了基準として、

・要求分析レポートが完成していること
・ソフトウェア仕様のレビューが完了していること
・すべてのレビュー指摘項目が解決されていること

が定義されています。

このように明確な完了基準を設け、「フェーズ内完結の原則」を守ることで、なし崩し的にプロジェクトのコントロールが崩れることを防ぐことができます。

3-6 解決すべき課題を挙げる

ここまで6Rやプロジェクトチャーターを通してしてきたことは、「自分たちがこれから取り組むプロジェクトを理解する」ということです。初期段階で、プロジェクトへの理解を深めることは、プロジェクトの不確実性を軽減し、このあとの「段取る」プロセスにおけるプロセス設計やリスクの抽出に大きく役立ちます。

ここで、別の視点でプロジェクトへの理解を深めるツールとして「課題ログ」を紹介します（**図3-12**）。「課題」とは、「解決しなければならないこと」であり、すでに顕在化しているものをいいます。似た文脈で使われる言葉として「リスク」がありますが、リスクは「起こるかもしれないし、起こらないかもしれない」こと、つまり「まだ起こっていないこと（潜在性）」を指します。

本来、課題とリスクは分けて扱うべきものですが、この段階では厳密に分ける必要はありません。プロジェクトに関わった経験がある人なら、「あのとき、わかっていたのに・・・」と後になって思い出して後悔した人も多いはずです。記録しておかなければ、わかりきったことでも、目の前の作業に没頭すれば忘れてしまうのが人間です。そうならないためにも、「気になること」を片っ端からリストアップしていきます。

この段階では、すでに主要メンバーはアサインされていることが多いでしょうから、メンバーと一緒に「解決すべき課題として何があるか？」をブレーンストーミングするのもお薦めです。課題リストを作ろうとす

課題ログ

プロジェクト名: 会計システム刷新プロジェクト

No.	課題	優先順位	報告者	担当者	更新日	状態	対応状況
1	ユーザーの要求範囲が明確に定まっていない	高	田中	田中	10/2	対応中	10/10に経営層との要求ヒアリングセッションを予定
2	メンバーに設計の未経験者が多い	中	田中	山田	10/2	対応中	鈴木さんに設計についての勉強会を依頼。設計レビューに鈴木さんをアサイン
3	周辺システムのIF定義の提供時期が不明	高	田中	佐々木	10/2	対応中	次回PMO会議にて、A社、B社から提供時期の情報をもらう（事前に依頼済み）
4	ネットワークの使用状況がわかっておらず、パフォーマンス要求を満たせるか不明	中	田中	山田	10/3	対応中	ユーザーにネットワーク使用状況のレポート提供を依頼
5	ストレージの必要容量が不明確	中	田中	佐々木	10/3	起票	
6							
7							

図 3-12 ■課題ログ

ると、「このあと何がしなければならないか」「このあと何が起こるか」を考えざるを得ません。そのプロセスを通じて、プロジェクトへの理解が深まるのが実感できるはずです。

この課題リストは、プロジェクトメンバーであれば、誰でも参照、記録できるように共有ファイルにしておきます。課題は思いついたときに記録しなければ忘れてしまうからです。また、プロジェクトマネジャーはプロジェクトの「解決すべき課題」の最新状況をこのリストを見ることで把握することができます。

課題リストは、毎週の進捗会議で報告する定型フォーマットに入れておきます。課題のうち、重要度の高いものを10項目程度、毎週報告し、状況をモニタリングしておくことで、課題の放置を防ぎます。

第 **4** 章

「段取る」プロセス

P r o j e c t M a n a g e m e n t

4-1 「計画」は何のため？ 従来の「計画」の問題点

「企む」プロセスで、プロジェクトのゴールと大まかな進め方を描いたあとは、「段取る」プロセスに入って、プロジェクトの具体的な進め方を計画します。

筆者もかつてそう思っていた時期がありますが、プロジェクトマネジャー、メンバーにとって、この計画を立てるという作業は決して楽しいものではありません。「立てることになっているから」「ユーザーに提出を求められるから」といった消極的な姿勢で、「やらされ感」をもってやる作業、それが多くの人にとっての計画です。

これほどに「やらされ感」を覚えるのは、「計画とは守らされるもの」であり、にも関わらず「その通りに進むわけがない」、つまり、計画なんて機能しないという思いがあるからです。実際、いくら綿密に計画を立てても、その通りにプロジェクトが進むことはまずありません。その経験が「計画なんて立ててもしょうがない」という態度につながります。

この「機能しない」計画の例を見てみましょう。

典型的なのは、(1) 立てた時点で「このプロジェクトは燃える（デスマーチになる）」とわかる計画です（**図4-1**）。最初に納期が決まっていて、あとから計画を「でっち上げ」たような計画です。こんな計画に意味はありません。上司やマネジャーからすれば、「きつめの計画を立てておけば、遅れても『マシ』な状況になるだろう」と思っているのでしょうが、

頑張っても、時空は歪められない

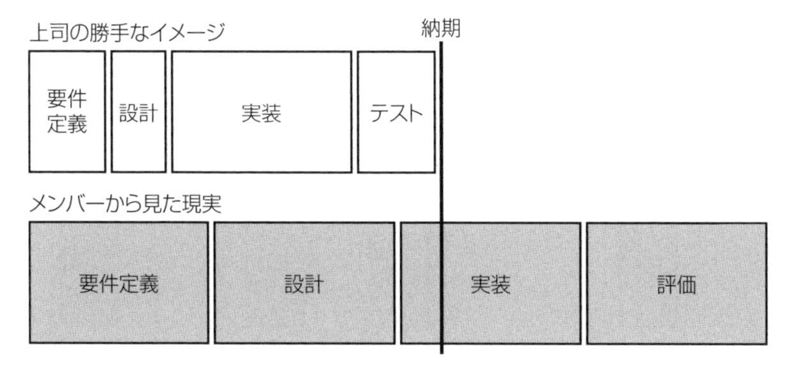

図 4-1 ■無理だとわかっている計画

つながりがわからない

11/6	11/7	11/8	11/9	11/10	11/11	11/14	11/15	11/16	11/17	11/18	11/19	11/20
タスク A	タスク B	タスク C	タスク D	タスク E	タスク F	タスク G	タスク H	タスク H	タスク I	タスク J	タスク K	タスク L

図 4-2 ■細かいだけで、実行イメージがわかない計画

無茶な計画は必要なプロセスを省かせるように圧力がかかり、ただでさえ厳しい状況をさらに厳しくするだけです。

(2) 細かいだけで実行イメージがわかない計画もよく見かけます（**図 4-2**）。例えば、1 日単位でやるべき作業を決めているような計画です。プロジェクトとは単発の作業ではなく、期間とつながりを持った活動です。そのプロジェクトのなかで「11 月 10 日にタスク E を終わらせる」とピンポイントで期日を決めることにほとんど意味はありません。重要なのは「その期間中に、計画されたすべての作業を、受け入れ可能な品

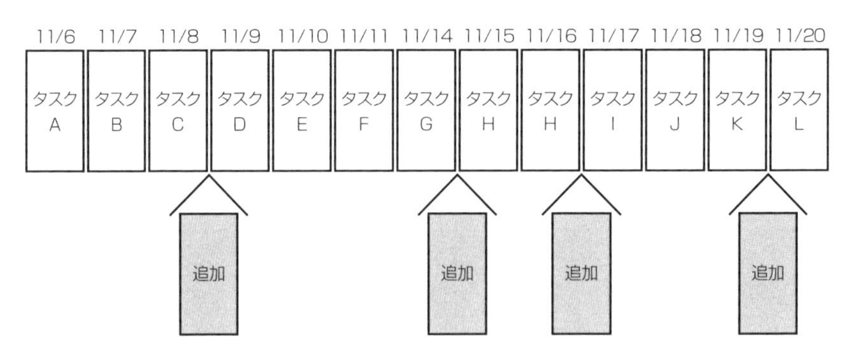

図 4-3 ■あとから出てくる追加タスク

質で完了させること」であり、必要以上に細かい計画はメンバーを縛るだけです。メンバーはたまったものではありません。

タスクが漏れている計画もよくあります（**図 4-3**）。後からどんどんタスクが追加されて、追い立てられる。漏れていたタスクは当然、見積もりに入っていないので、スケジュール上も考慮はされていません。すると、残業や休日出勤、もしくはプロセスを省くことによってしか対応できません。真っ先に省かれるのが「レビュー」や「単体テスト」など、品質を検証するプロセスです。当然、プロジェクトの後半でその歪みが不具合となって噴出することになります。

最後は、(4) 必要なものがそろわずに待ちに入ってしまう計画です。

タスクを始めようとしても、あれがない、これがない、となって、みなが待ちに入ってしまう計画です。**図 4-4** を見ればわかるように、タスクDはタスクA、B、Cが完了しないと着手できません。しかし、待っているわけにはいかないからと「できるところだけでも進めよう」とし

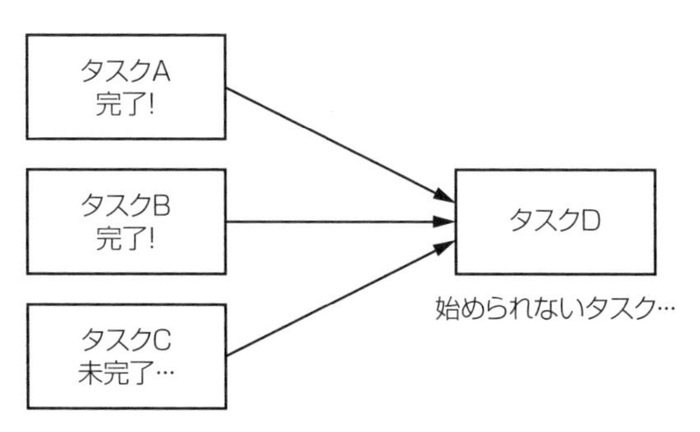

図 4-4 ■始められない…

ます。しかし、必要なインプットがない状況でできることは限られていますし、あとから手戻りが発生してしまいます。この生産性の低下と手戻りは計画に盛り込まれていませんから、遅れてしまうことになります。

こういった機能しない計画が出来上がるのは、タスクの「役割」や、タスク同士の「つながり」を意識せずに、バラバラにタスクを羅列するからです。そのタスクが果たすべき役割を理解していなければ、いくら細かくタスクを羅列しても、モレはなくなりませんし、タスク同士の依存関係が設計されていなければ、「待ち」は発生し続けます。

計画を「使う」という発想

計画を立てる作業に「やらされ感」が伴うのは、「計画とは守られるもの」という意識によるものだということはすでに触れました。計画を意味あるものにするためには、「計画とは守られるもの」という意識から、「計画は『使う』ものだ」という意識への転換が必要です。

計画を「使う」ためには、計画が持つ本来の目的を理解する必要があります。「計画は何の役に立つのか」を知れば、計画を立てるということがクリエイティブな作業として捉えられるはずです。

計画の持つ1つめの目的は「実行性を検証する」ことです。つまり、「このプロジェクトは現実的なのか？できるのか？」を知ることです。正しい（＝機能する）プロセスを踏んで計画を立てれば、そもそも現実的かどうかがわかるのです。

2つめは「次の行動への迷いをなくす」です。多くのプロジェクトは、納期だけが決まっていて、何から手をつけていいかわからない状況から始まります。そこで、納期まで時間がないからと、やみくもに作業に手をつけたとしても、行き当たりばったりで迷っている間に時間だけが過ぎていきます。適切に計画を立てることができれば、今何をすべきなのか、次に何をすべきなのかといった迷いがなく、行動に取りかかることができます。

3つめが「コミュニケーションの基盤を作る」です。プロジェクトは複数の人間が協働して1つの目的を達成しようとする取り組みです。そこにはコミュニケーションが欠かせません。メンバーが見える形で計画が存在していなければ、どのように進めればいいかについて共通認識を得ることはできません。計画という見えるものがあることで、空中戦にならずにコミュニケーションをとることができます。

最後は「変更ができる」です。最初に立てた計画の通りに実行できることはまずありません。しかし、計画がなければ、変更することすらできません。自分たちがどこにいるのかすらわからないのです。クルマで知らないところに行くのに、カーナビにルートがないのと同じです。ルートがあるからこそ、ルートから外れたことがわかりますし、遅れそうかどうかもわかります。最初のルートがあるからこそ、変更が可能になり、その影響もわかるのです。言い換えれば、計画は変更するために作るのです。

4-2 計画の「前提」とは

プロジェクト計画を立てる際、一般的に最も重要視されるのがWBSです。第3章で触れたように、WBSとはプロジェクト全体を作業や成果物といった要素で細かく分解した構成図、または、構造化されたリストのことです。WBSには「成果物WBS」と「作業WBS」がありますが、すでに触れたように、システム構築やソフトウエア開発プロジェクトの世界で多く使われているのは「作業WBS」です（図4-5）。作業WBSはプロジェクトを時系列の作業でブレークダウンします。レベル2はフェーズ、レベル3はプロセス、レベル4がタスク（プロセスの構成要素）になります。

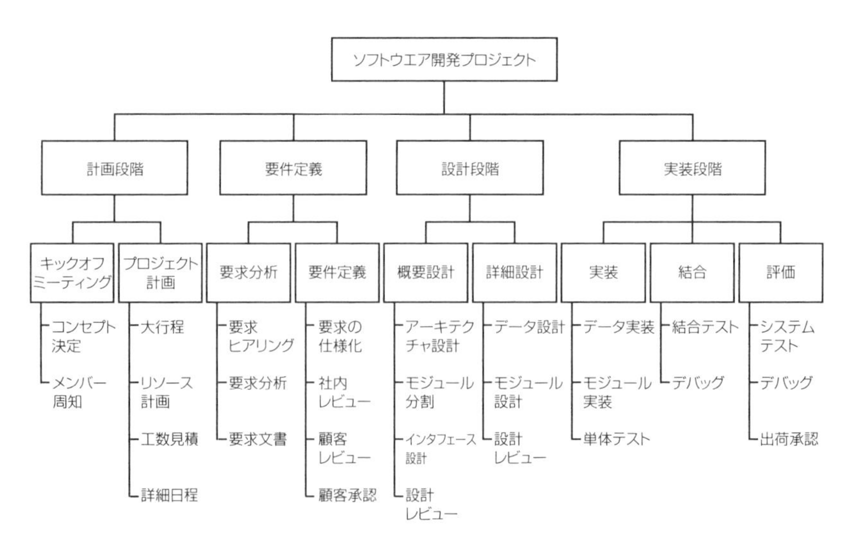

図4-5 ■ソフトウエア開発プロジェクトにおけるWBS（Work Breakdown Structure）の例

ここで極端な例を考えてみます。もし、あなたが上司に呼ばれて「明日からビルの建設現場の管理者をやってくれ」といわれたとします。このとき、あなたはすぐに作業WBSを書き出すことができるでしょうか。できないはずです。それはビルの建設がどのように進められるのかという「プロセス」を知らないからです。

ドラガン・ミロセビッチ氏は著書「プロジェクトマネジメント・ツールボックス」の中で、次のように述べています。

> WBSを作成する際、プロジェクト・ワークフローに関する知識は欠かせない。特にソフトウエア開発プロジェクトのWBSを意味あるものにするには、ソフトウエア開発プロセスを理解している必要がある。

つまり、「プロセス」がわからなければ、正しく機能するWBSを書くことはできないということです。ここにプロジェクトマネジメントの前提があります。プロジェクトマネジメントが機能するには「プロセスが設計されていること」が必要なのです。ここに「作業WBS」をお勧めしない理由があります。

プロセスとは「レシピ」

ここで改めて「プロセスとは何か？」を説明します。「プロセス」という言葉はビジネスシーンでよく使われます。例えば「プロセスを大切にしろ」「プロセスよりも結果がすべてだ」というようにです。あまりにも一般的な言葉であるため、「プロセス」という言葉の意味を改めて考える機会はないかもしれません。

プロセスは、日本語では「工程」もしくは「過程」と訳されます。しかし、ここでいうところの「プロセス」の定義はもう少し厳密です。「資源を活用して、価値を生み出すための一連の取り組み」を指します。こう言われてもピンとくる人は少ないでしょう。もう少し一般にわかりやすくたとえを使って表すなら、プロセスとは料理における「レシピ」に相当するものです（**図4-6**）。

レストランのシェフがいるシーンを思い浮かべてみましょう。シェフの目の前には、一流の調理器具がそろっており、野菜や肉、調味料など、世界各地から取り寄せた新鮮で質の高い材料が並んでいます。当然、シェフはこれらの材料を切ったり、煮たり、焼いたりする一流の調理技術を持っています。

では、これだけで実際においしい料理ができるでしょうか。答えはノーです。何かが足りません。そうですレシピです。一流の材料と一流の技術があったとしても、それをうまく生かすためのレシピがなければ、おいしい料理はできないのです。

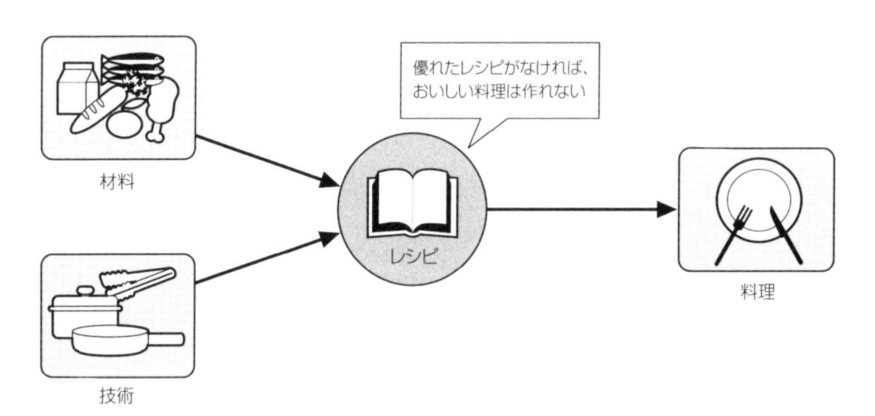

図4-6 ■プロセスは「レシピ」である

ベテラン技術者を抱え、高い技術力を持った企業が不具合を出したり、納期を外したりするケースもまったく同じことがいえます。技術力が原因なのではなく、プロセス（＝レシピ）に問題があるのです。

知識や技術力が、必ずしも成果に直結しないのはここに理由があります。ベテランの技術者や、高い技術力を持った企業が、不具合を出したり納期を外したりしてプロジェクトを失敗させてしまうのは、技術力が原因なのではなく、「仕事の進め方 ＝ プロセス」に問題があるのです。

さらに、すべてのプロジェクトは「1回きり」「初めて」であり、独自性という特徴を持っています。この独自性が「やってみないとわからないと」いう不確実性の源泉となるのです。

初めて作る料理に取りかかる前にはレシピを見て頭の中でシミュレーションするでしょう。同じように、プロジェクトを実行する前には、そのプロジェクトにふさわしいプロセス（＝レシピ）を設計し、シミュレーションすることで、プロジェクトが持つ不確実性を軽減することができます。

プロセスと戦略の関係

本書では「プロジェクトとは戦略実現のための手段である」ということを強調してきました。ここで、戦略とプロジェクト、そしてプロセスの関係について確認しておきましょう。

プロジェクトは戦略を実現するものであり、プロジェクトの上位目的として、そこには戦略が必ず存在します。戦略とは大方針であり、「何をするのか」、そして「何をしないのか」を規定するものです。ビジネス上の活動は、すべてこの戦略を基にしたものであり、戦略がなければビジネス活動に一貫性を持たせることはできません。例えば、「販売管理システムを構築する」というプロジェクトの背景には、「見積もり、受注、発注、入荷、仕入れ、出荷、販売のサプライチェーンを効率化し、納品リードタイムを短縮することで差別化を図る」というような戦略が考えられます。

一方で、戦略そのものは実行することはできません。あくまでも戦略は「考え方」であり、直接的に取り組めるものではないからです。戦略を実行可能なものにするためには、行動に変換する必要があります。しかし、戦略を直接行動にブレークダウンすることはできません。情報システムを構築するのに、いきなりソースコードを1行目から書き出すようなもので、抽象度の隔たりが大きいからです。

そこで、戦略をプロジェクト（テーマ）に分解し、さらにプロセスに落とし込みます。プロセスとはある一つの目的を達成するための一連のタスクですから、ここで人が実行することが可能になります。このように「戦略－プロジェクト－プロセス－タスク」と抽象度を下げる作業が必要なのです（**図4-7**）。

20世紀を代表する英国の軍事戦略家リデル・ハート（1895-1970）は、「戦術的に不可能なるものは、戦略的に健全であり得ない」と指摘しました。戦略とは「考え方」にすぎず、いくら素晴らしい考え方を持っていたとしても、それを実行することができなければ寝言でしかないのです。

プロセスとは「実行可能なレベルに翻訳された戦略」だということができます。「プロセスを設計し、実行できる能力が戦略の取る得る幅を規定する」ということもできるのです。

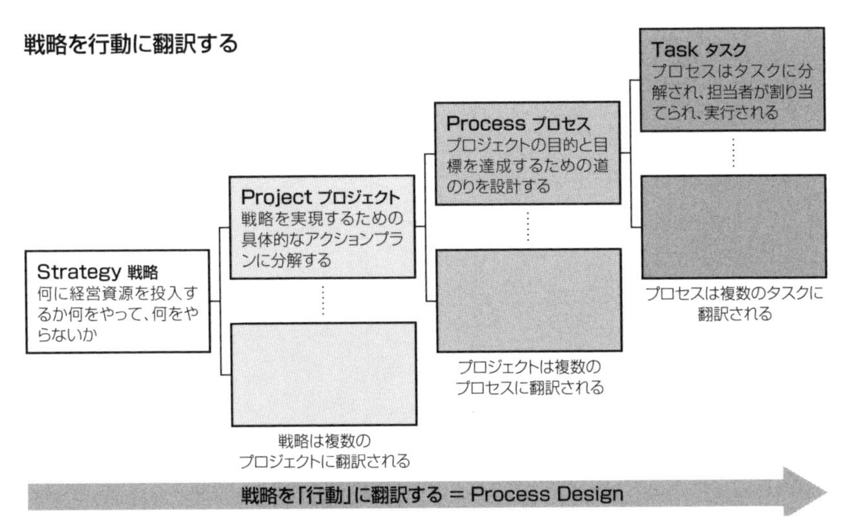

図 4-7 ■プロジェクトは戦略実現の手段

プロジェクトは「プロセスのつながり」でできている

プロセスとは「戦略を変換した実行可能なタスクの集合」であり、組織やプロジェクトは、プロセスがつながってできています（**図 4-8**）。このプロセスのつながりが「システム」であり、システムとは「プロセスの連鎖」を指します。プロジェクトが持つ不確実性を乗りこなすためには、プロジェクトを単なるタスクの集まりとしてではなく、システムとして見る必要があります。

システムとは、次のように言えます。

「複数の要素が互いに影響し合って複雑な振る舞いをする仕組み」

プロジェクトを構成するプロセスは、それぞれが独立して存在するわ

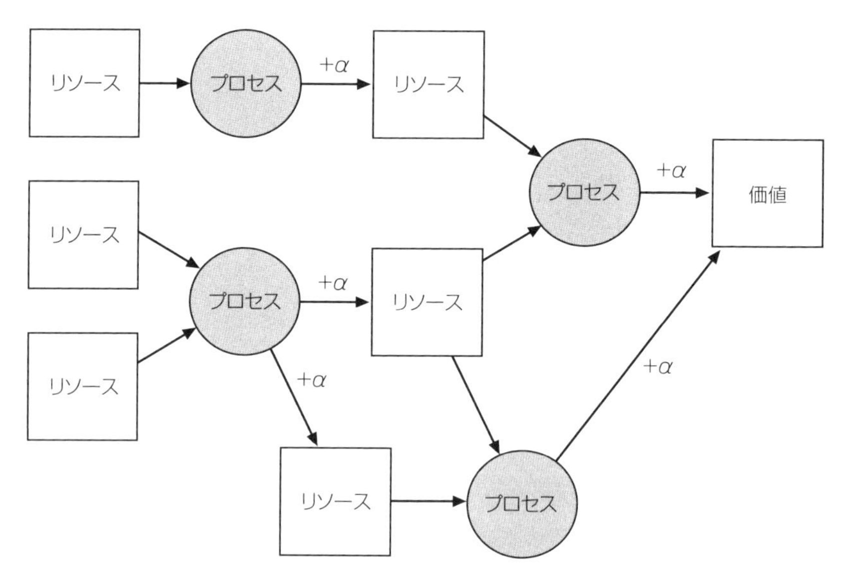

図 4-8 ■組織やプロジェクトは「プロセスの連鎖」と見なせる

けではなく、相互に影響を及ぼします。要件定義の品質が設計品質に影響し、実装、検証にも影響するのは皆さんもおわかりのはずです。プロジェクトとは、プロセスとプロセスが相互作用しながら、アウトプットを生み出す一つのシステムです。

システムは「つながり」によって生み出されるものである以上、個々の要素について知るだけでは、その本質を理解することはできません。WBSのような、ツリー構造をベースとした思考は「要素還元的アプローチ」であり、「全体とは部分の総和である」という考え方です。これは成果物や作業をリストアップするには便利で非常に有効な方法ですが、要素間のつながりや相互作用が見えません。

システムを設計するときには、静的なモデルと動的なモデルの両方が必要です。静的なモデルとは、システムの「要素」に着目するものであり、動的なモデルはシステムの「動き」「つながり」に着目します。プロジェクトマネジメントの考え方が浸透してきたにもかかわらず、うまくいっているプロジェクトが多くないのは、静的なモデルであるWBSにばかり頼り過ぎていて、プロセスのつながりについての分析が欠けているからだと筆者は考えています。

「WBSでも順番を考慮するからつながりがわかるはず」と考える人もいるかもしれません。確かにWBSではタスク間の依存関係を順番で表現します。しかし、それはあくまでも「手順」でしかなく、どのような「相互作用」が発生するのかを見える化するものではありません。

WBSで依存関係を設定するときは、実際にその順番通りにできるかどうかを「作業」の視点で見ることになります。ところが、いざ始めてみると「インプットとして必要となる情報がまだそろっていない」「先に別のタスクを終わらせなければ、次のタスクに手をつけられない」というような状況がしばしば発生します。

これは「作業」ばかりを考えて成果物のイメージができていないことによって起こるワナです。タスクと成果物を別々に考えると、実際には実行不可能な順番でも、計画の上では設定できてしまうのです。

プロジェクトは要素と要素が複雑に絡み合ったシステムであり、「全体とは部分の総和以上の何かである」ということができます。個々の要素に着目するだけでは、全体を理解することはできないのです。プロジェクトをシステムとして捉え、全体を設計し、これを共有することで組織やプロジェクトが一つの目的に向かって「全体最適」を実現することが可能になります。

4-3 プロセス設計に必要な2つの思考回路

プロジェクトマネジャーの役割は、「カーナビ」（カーナビゲーションシステム）にたとえることができます。カーナビが持つ機能の中でも重要なのは「地図」「ルート探索」「ルート案内」の3つです。

カーナビを使う際は、まず「どこに行くのか」という目的地を地図上で設定します。そして、目的地までのルートを複数探索します。探索したルートの中から、今回のドライブの目的により合ったもの、リスクの低いものを選びます。すると、カーナビは自動車を走らせている間、ドライバーを適切に「案内」してくれるわけです。

このうち「ルート探索」に当たるのが「プロセス設計」です。目的地である「最終成果物」を生み出すために、どのような「ルート（仕事の進め方）」でプロジェクトを実行するのかを探索すること、それがプロセスを設計するということです。ルートがあるからこそ、実行の「案内」も可能になります。

プロセスを設計するには、そのための思考回路が必要です。それは、「(1) システム思考」「(2) 逆算思考」です。以下、順番に見ていきましょう。

プロジェクトを入力と出力で捉える「(1) システム思考」

プロセスとは、「資源を活用して、価値を生み出すための一連の取り組み」です。プロセスは、あるインプット（入力）を加工し、そこに付加

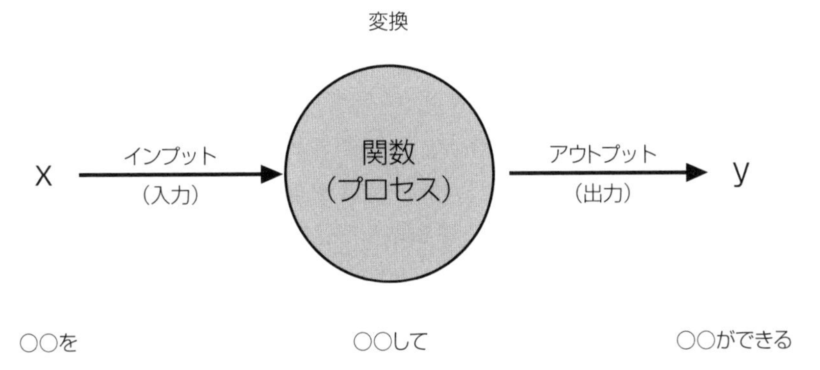

図4-9 ■関数（プロセス）は必ずインプット（入力）とアウトプット（出力）を伴う
プロセスとプロセスの相互作用をインプットとアウトプットの関係でつなぎ、これをたどることでシステムへの理解を深められる

価値を足してアウトプット（出力）します。すなわち、プロセスとはインプットをアウトプットとして出力する「関数」と見なせます（**図4-9**）。

アウトプットされた成果物は、次の関数にインプットとして引き渡されます。このように、プロセス同士はインプットとアウトプットでつながっています。この関数としてのプロセスとプロセスのつながりが全体として「システム」を構成するわけです。

プロセスには必ず「インプット（入力）」と「アウトプット（出力）」があります。プロセスとプロセスの相互作用を「インプット－プロセス－アウトプット」の関係でつないでいくことで、システムの振る舞いを理解することができます。

このように、複数の構成要素が互いに影響し合い、複雑な振る舞いをしている様子を全体として捉える。そうしたものの見方を「システム思考」と呼びます。

システムを「インプット－プロセス－アウトプット」で捉える思考は、普段の私たちの思考とはかなり違います。それは「手順」ベースで物ごとを考えるか、「関係」ベースで物ごとを考えるかという違いです。私たちは日頃、「これをやったら次はこれをやる」というように、物ごとを手順で考えています。時系列に「作業」を直線的に並べ、物ごとを考える癖が身についているのです。手順思考では順番は意識されても、「インプット－プロセス－アウトプット」のつながりが意識されないために、実際には実行できない手順であっても設定できてしまいます。

プロジェクトの振る舞いをシステムとして捉えるには、「インプット－プロセス－アウトプット」のつながり（＝関係）で分析することが必要です。

アウトプットから考える「(2) 逆算思考」

私たちは、目的地（ゴール）までの道のりを現在地からの延長線上で考えてしまいがちです。これを筆者は「積み上げ思考」と呼んでいます。積み上げ思考には２つの問題があります。

１つめの問題は、積み上げ思考は、目の前にある制約や方法から発想してしまうことです。「まずはここから手をつけよう」「これくらいならできるだろう」と、目の前にある現実にとらわれたり、制約条件を前提に進めようとしたりすると、現状の延長線上のゴールを設定してしまいます。いまやっていることを是として考えてしまうと、「あるべき姿」をゼロベースで考えることができなくなります。

プロジェクトの作業が遅れたときに「どうやってリカバリするか」という発想は、まさに「積み上げ思考」です。いくら頑張っても過ぎた時間を取り戻すことはできません。本来、プロジェクトマネジャーは「期限までにゴールにたどり着くにはどうすればいいか」を、常にゼロベースで考えるべきです。しかし、現状からの積み上げで考えてしまうと、「計画上の今」を実現する（＝リカバリする）ことにばかりとらわれて、ゴールを見失ってしまうのです。

もう1つの問題は、非常に効率が悪いことです。現在地から行きつ戻りつしながら目的地を目指す積み上げ思考は、いわば「行き当たりばったり」「出たとこ勝負」なのです。ロスが大きく、目的地にたどり着ける保証もありません（**図4-10**）。

積み上げ思考が現在地を基準として考える思考方法なのと正反対に、「逆算思考」は目的地（ゴール、未来）から現在地に向かってプロセスを描く思考方法です（**図4-11**）。

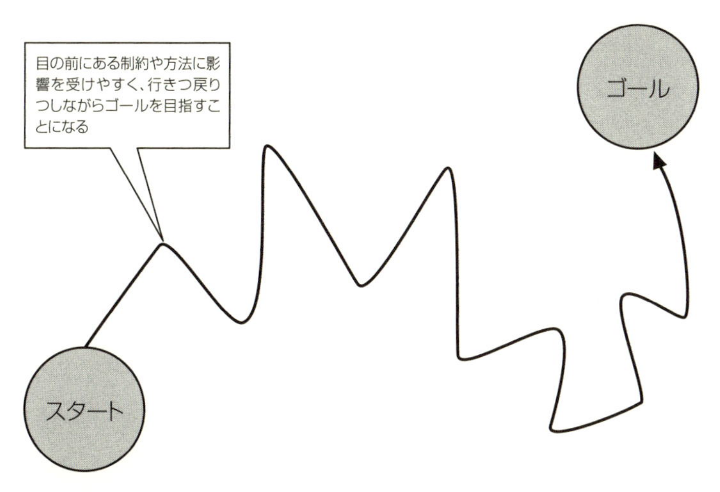

図4-10 ■積み上げ思考に基づく進め方はロスが大きい

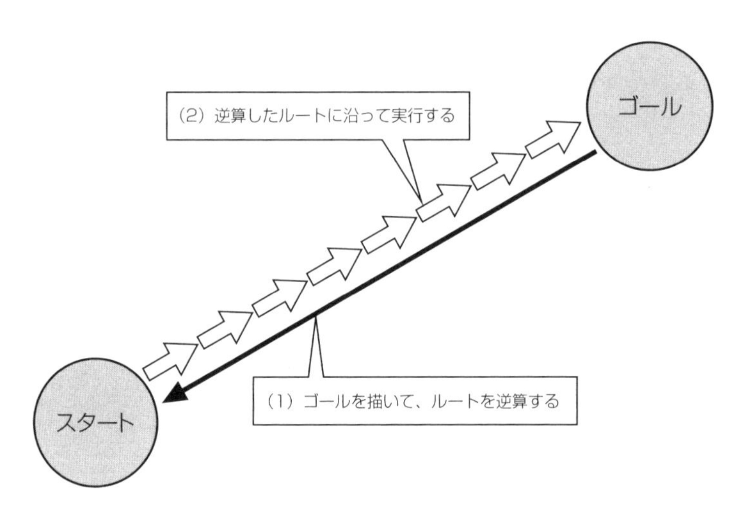

図 4-11 ■逆算思考に基づいてプロセスを設計する
積み上げ思考とは正反対に、ゴール（未来、あるべき姿）から逆算してルートを引くことで、ロスを最小限に抑えられる

逆算思考でプロセスを設計する際は、アウトプットから考えます。「アウトプットは何なのか？」「アウトプットが満たすべき基準は何か？」から考えるのです（**図 4-12**）。すると、その前段階で何が必要かが見えてきます。「そのアウトプットを作るのに、どんなインプットが必要か？」そして「そのインプットをどう加工してアウトプットを生み出すか？」を考えます。

プロジェクト計画を立てる際、プロセスを設計しないまま作業のブレークダウンをすると、積み上げ思考に陥りがちです。現状の積み上げではなく、プロジェクトの目的を満たすためのアウトプットは何かを考え、ゴールから逆算することで、プロジェクトの「あるべき姿」を描くことが可能になります。

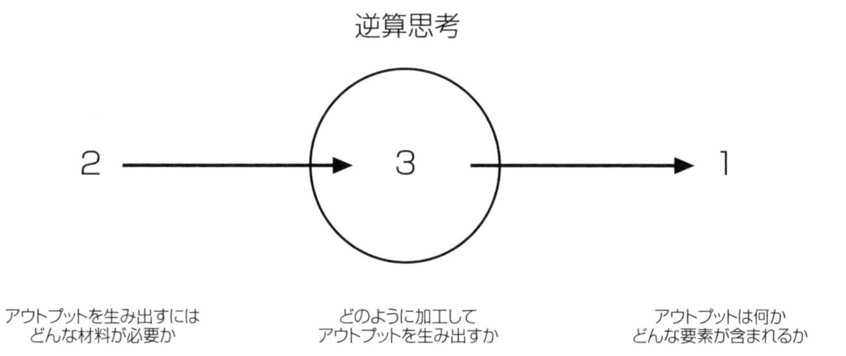

図 4-12 ■入出力と逆算思考
「1 アウトプットは何か」「2 アウトプットを生み出すインプットは何か」「3 どのように加工してアウトプットを生み出すか」の順番で考える

4-4 プロセスを設計するツール

思考を表現する「プロセスフローダイアグラム」

「システム思考」と「逆算思考」を可能にする思考ツールが「プロセスフローダイアグラム（Process Flow Diagram、以下PFD）」です。PFDは単なる図ではなく、思考ツール（思考を助ける道具）だと考えてください。このダイアグラムを使うことで、プロジェクトを「インプット－プロセス－アウトプット」の連鎖、つまりシステムとして捉えることができます。

PFDは、システムクリエイツの清水吉男氏によって、ソフトウエア構造化設計の技法である「データフローダイアグラム」（DFD）をヒントに開発されました。表記法がシンプルであるため扱いやすく、汎用性が高いのが特徴です。

例えば、「ビジネス書の執筆プロセス」を、PFDを使って実際に描いてみると**図4-13**のようになります。1から順に番号をつけられた円がプロセスです。

最終成果物は左下にある「見本」（本格的に刷る前に少部数で刷る本のこと）です。見本ができたあとに販売、プロモーションのプロセスもありますが、書き上げるまでを一連のプロセスとして見てみましょう。

本を書くと聞くと、キーボードを叩いて原稿を入力するとか、昔だと

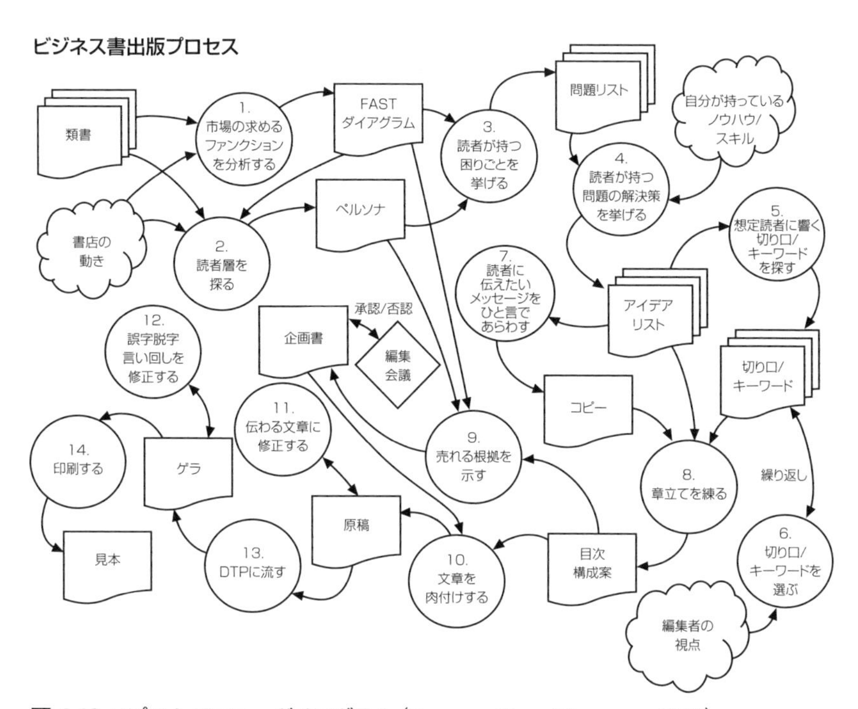

図 4-13 ■プロセスフローダイアグラム（Process Flow Diagram、PFD）
「ビジネス書執筆プロセス」を例として図示した。PFD はソフトウエア構造化設計技法である「データフローダイアグラム（DFD）」をヒントに、清水吉男氏が開発したプロセス設計図法

原稿用紙に本文を書くイメージをもたれる人も多いでしょう。つまり、「本を書く＝原稿を書く」というイメージです。しかし、実際には原稿を書くのは一部でしかありません。PFD でいえば、「10. 文章を肉付けする」がそれにあたります。

PFD を見ればわかるように「10. 文章を肉付けする」に至るまでのプロセスのほうが長いのです。まず、書店にいってどんな本が売れているのか、情報を収集し、読者がどのようなファンクション（機能）を求めているのかを分析します。それが「1. 市場の求めるファンクションを分析する」プロセスです。アウトプットとして「FAST ダイアグラム」が出力されています。これはバリューエンジニアリングで使用されるロジックツリーの一種です。並行して「2. 読者像を探る」プロセスで、「ペルソナ」(読者の具体的なモデル) をつくります。

この「FAST ダイアグラム」と「ペルソナ」をインプットとして、「3. 読者が持つ困りごとを挙げる」プロセスが動きます。読者がどんなことで困っているのかなと、具体的に挙げていくわけです。例えば本書だと「プロジェクトマネジメントの本を読んだけれど意味がわからない」「何を、いつ、どうすればいいのかがわからない」などです。それが「問題点リスト」として出力されます。

読者の困りごと、ニーズが理解できたら、それに対して自分がどんな解決方法を提案できるかを考えます。それが「4. 読者が持つ問題の解決策を挙げる」です。インプットとして問題点リストと一緒に「自分が持っているノウハウ / スキル」を入力しています。これは個人にひも付いた知識なので、無形成果物としています。アウトプットとしては「アイデアリスト」が出力されています。これが本の素材です。

アイデアはできるだけたくさん出しますが、それをそのまま羅列しても本にはなりません。出したアイデアをどのように整理するかが重要です。本書は素材を「5つのプロセス」で整理しました。他にも「QCD (品質・コスト・納期)」といった整理の仕方もできるでしょう。この整理の仕方を「切り口」といいます。どのように体系化するかということです。切り口には色々なものがあります。それを選ぶために必要なのは「編集者の視点」という無形成果物です。

さらに、読者に「読んでみよう」と思ってもらうためには、読者に刺さる「コンセプト」が必要です。「そうそう！」「あるある！」と思ってくれないと本は買ってもらえない。このコンセプトは、いくつも考えます。コンセプトが刺さらなければ、いくら内容がよくても手にとってもらうことすらできないからです。コンセプトが決まれば、それを「コピー（メッセージ）」として訴求します。

そして、アイデアリスト、切り口、コピーをインプットとして、「6. 章立てを練る」プロセスが動きます。章立てとは「目次」のことです。素材の並べ方（切り口）を基に、構成を練ります。そして「ペルソナ」「FASTダイアグラム」「章立て」をインプットとして、「9. 売れる根拠を示す」プロセスを経て、やっと企画書になります。この企画書が編集会議にかけられて、「GO ／ NoGO」が判定されます（編集会議はひし形の「ゲート」として表現していますが、本書ではゲートは使用しません）。

長々と説明してきましたが、ここまで「原稿」と言われるものは1文字も書いていません。本を書くというプロセスのうち、原稿を書き始める前に8割方は終わっているのです。

このプロセスは、システム開発に通じるものがあります。システム開発を知らないユーザーから見れば、システムを構築するとは、「パッケージのパラメータを設定する」「プログラムコードを組む」といった実装作業のイメージしかありません。しかし、実際には「ユーザーの要求を理解する」「要求の実現方式を定める」「ロジックを組み立てる」など、事前のプロセスが8割方を占めます。

プロセスをPFDとして見える化することで、ユーザーとベンダー、マネジャーとメンバーなど、立場や前提が事なる者同士であっても、プロジェクトをどのように進めるかをイメージすることができます。プロジェクトにはどのようなプロセスが存在するのか、それぞれのプロセスはどのようにインプットとアウトプットでつながっているのかを俯瞰することができるのです。

図 4-13 の PFD をリスト形式で表現したものが**図 4-14** です。リストの一番上のアウトプットが「見本」となっており、最終成果物から逆算していることがわかります。リスト形式でも「インプット－プロセス－アウトプット」を表現することはできますが、プロジェクトの俯瞰性がまったく異なることがわかると思います。

プロセスNo	(2) インプット	(3) プロセス	(1) アウトプット
13	ゲラ	DTPに流す	見本
12	原稿	誤字・脱字、言い回しを修正する	ゲラ
11	原稿	伝わる文章に修正する	原稿
10	目次・構成案 企画書	文章を肉付けする	原稿
9	目次・構成案 FASTダイアグラム ペルソナ	売れる根拠を示す	企画書
8	切り口/キーワード	章立てを練る	目次・構成案
7	アイデアリスト	メッセージをひと言で表す	コピー
6	切り口/キーワード 編集者の視点	切り口/キーワードを選ぶ	切り口/キーワード
5	アイデアリスト	想定読者に響く切り口/ キーワードを探す	切り口/キーワード
4	問題点リスト ノウハウ/スキル	読者が持つ問題の 解決策を挙げる	アイデアリスト
3	FASTダイアグラム ペルソナ	読者が持つ困りごとを挙げる	問題点リスト
2	FASTダイアグラム 書店の動き	読者像を探る	ペルソナ
1	類書 書店の動き	市場の求めるファンクションを 分析する	FASTダイアグラム

図 4-14 ■ビジネス書執筆プロセスを逆流して見る

PFDで表現されたプロセスを追っていくことで、「本がどのようなプロセスで作られるのか」が理解できたはずです。これがPFDの便利なところです。特別な知識がなくても、プロセスをシミュレーションできる、言い換えれば、疑似的に経験することができるのです。

カレーライスを作るプロセスを表現してみる

PFDを使ったプロセス設計の思考回路を、もう少しわかりやすいように、「カレーライス」を例に見てみましょう（**図4-15**）。

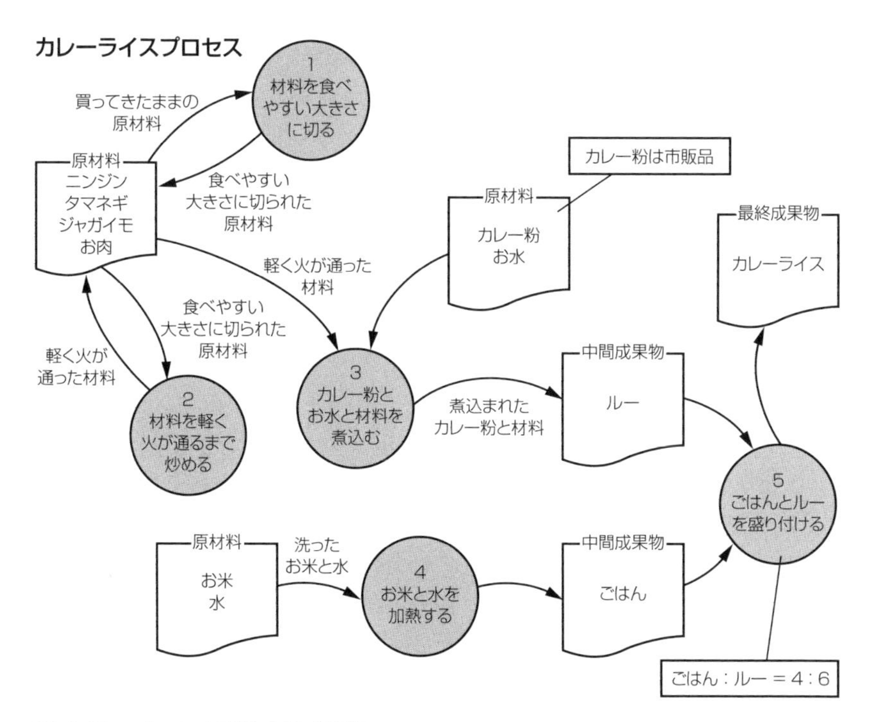

図4-15 ■プロセス設計の思考回路

最終成果物はいうまでもなく「カレーライス」です。ここから逆算します。カレーライスというゴールにたどり着くためには、まず問題を大きく分割します。カレーライスとは「ルー」と「ごはん」でできています。

私たちが「ルー」と呼んでいるものは、「3.カレー粉とお水と（加工された）材料を煮込む」ことでできたものです。加工された材料（煮込む前の材料）とは、ひと口サイズに切られ、軽く火が通るまで炒められた状態の材料です。ということはその前に「1.食べやすい大きさに切る」「2.軽く火が通るまで炒める」というプロセスがあるはずです。

今度は「ごはん」です。お米と水をインプットとし、加熱することで「ごはん」になります。ここで「4.お米と水を加熱する」ではなく「ごはんを炊く」というプロセスにしてはダメなのかという疑問がわきます。しかし、実際には「ごはんを炊く」というプロセスはありません。実行不可能です。「ごはんを炊く」というのはあくまでも、お米を研いで、水を測って、炊飯器でスイッチを入れる、といった一連の作業をまとめた概念にすぎません。

プロセスは「○○を～する」（名詞＋動詞）で表現します。プロセスとはインプットをアウトプットに「変換」する機能を持ちます。プロセスに名前をつけるときは、この変換がイメージできる表現を選んでください。

「ごはんを炊く」のような複数の機能をまとめた「包括概念」はあいまい性が高く、どんなタスクでも中に含めることができてしまいます。これでは実行もできず、時間を見積もることもできません。プロセスを設計するときは、包括概念をできるだけ避けてください。例えば「要件を分析する」「影響を分析する」「過去モデルを調査する」などは、何をどうするのか、よくわかっていないことがほとんどです。調査とは何をすることなのか、分析とは何をすることなのかを明らかにする必要があります。

PFDの利点

PFDを使うことで、どんなメリットが得られるのでしょうか。得られるメリットは大きく4つあります。

メリット① シミュレーションが可能となる

プロジェクトというシステムの理解を深めるには、「インプット－プロセス－アウトプット」のつながりに沿って、プロセスをシミュレーションすることが有効です。PFDによってプロセスを見える化することで、シミュレーションすることが可能になります。

メリット② プロセスの変更が可能になる

プロジェクトには変更がつきものです。要求の変更、納期の変更、想定外の事象の発生による変更などは、すべてプロセスに影響を与えます。このとき、プロセスを変更せずにスケジュールだけを無理に変えれば、見えないリスクが高まります。PFDでプロセスを表現しておけば、要求に応じてプロセスを変更することが容易になります。表現されていないものは変更することができません。PFDによって、プロセス変更後の影響分析、リスク検証なども可能になります。

メリット③ 先の見通しや影響が見える

PFDは、組織やプロジェクト（＝システム）をプロセスの相互作用で表現したものです。要素間のつながりが見える化されているため、あるプロセスのトラブルや遅れが、ほかのプロセスにどのような影響を与えるのか、今後どのような事態が起こり得るのかを予測することが可能となります。

メリット④ 特別な知識がなくても理解できる

PFDは表記法がシンプルで、直感的に理解しやすいものです。そのため、特別な知識がなくても理解できます。これはユーザーの業務部門、経営層などにプロセスを説明するときに有利です。プロジェクトをどのようなプロセスで進めるのか、変更がどのような影響を及ぼすのかなどについて、見える形で説明することによって、プロジェクトを通じて共通認識を維持するのに役立ちます。

PFDの5要素

PFDの表記法はとてもシンプルであり、図中で登場する基本的な要素（アイコン）は5つしかありません（図4-16）。この5つで世の中のさまざまなシステムのプロセスフローを表現できます（注：筆者は清水氏のオリジナルを少しアレンジして利用しています）。

PFDの表記「成果物（単表・複表）」

フォルダ型は成果物を表します。具体的には、「単票成果物」「複票成果物」の2つです。1枚あるいは1冊で構成される成果物は単票成果物

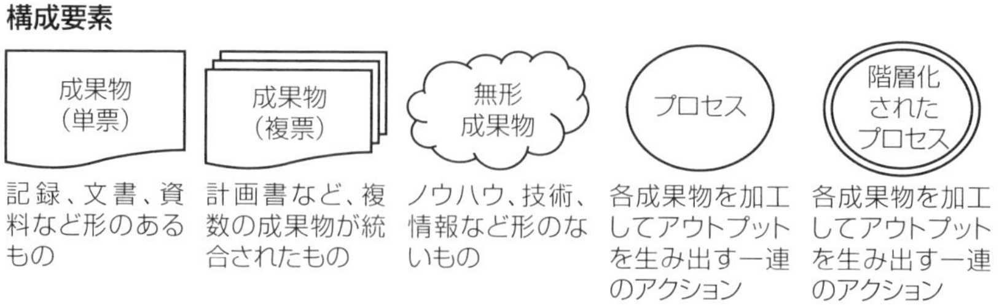

構成要素

成果物（単票）	成果物（複票）	無形成果物	プロセス	階層化されたプロセス
記録、文書、資料など形のあるもの	計画書など、複数の成果物が統合されたもの	ノウハウ、技術、情報など形のないもの	各成果物を加工してアウトプットを生み出す一連のアクション	各成果物を加工してアウトプットを生み出す一連のアクション

図4-16 ■ PFDの基本的な要素

として表現し、複数の成果物をひとまとめで扱うもの、例えば「プロジェクト計画書」などは複票成果物で表します。

PFD の表記「無形成果物」

人や組織が持つノウハウなど、形を持たないものは無形成果物として表現します。ただし、最初（最上流）のインプット以外に無形成果物はできるだけ使わないのが望ましいです。成果物がないということは「人のアタマの中にある」ということですから、変換することは難しいということを意味します。要求やノウハウは可能な限り成果物として形式知化することを考えてください。

また、プロセスのアウトプットが無形成果物になっている場合には、次のプロセスにつなぐことができません。そのプロセスで期待する「成果」や「効果」を表現したいときは「コメント」として表記してください。

PFD の表記「プロセス」

円形アイコンで表す「プロセス」要素は、インプットをアウトプットに変換する一連の行動や動作、処理を表します。プロセスは、インプットを加工し、アウトプットを生み出します。先ほども触れたように、プロセスの名称は「名詞（◯◯を）＋動詞（～する）」という形式で表現します。

PFD の表記「階層化されたプロセス」

プロセスにレイヤー（階層）構造を持たせることも可能です。その場合、二重線の円形アイコンで「下に階層がある」ことを示します。プロセスにレイヤーを持たせる場合、インプットとアウトプットが整合するように表現します。**図 4-17** では、上位レイヤーの「インプット a」「インプット b」と「アウトプット A」が下位レイヤーと整合しています。

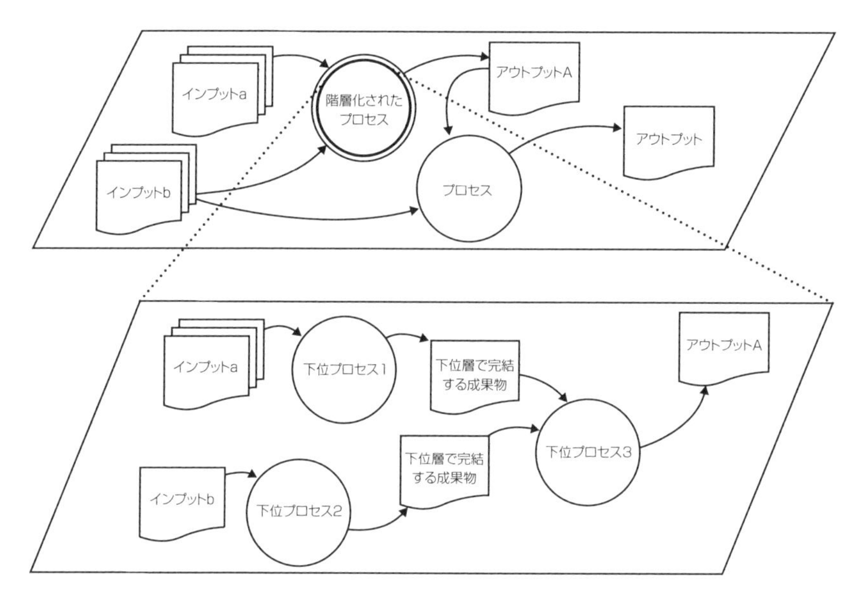

図 4-17 ■ PFD を描く際は、レイヤーのレベルを合わせる
この例では上位階層のインプット a、インプット b とアウトプット A が下位層と整合している

PFD の表記「コメント」

図 4-15「カレーライス」プロセスを見ると、「カレー粉とお水」や「5. ごはんとルーを盛り付ける」プロセスにコメントがついています。成果物やプロセスに情報を付加したいときには、このようにコメントをつけても構いません。

PFD の表記「番号」

プロセスには番号が振ってありますが、これはプロセスの「順番」ではなく、PFD を読む際の目安として振っているものです。この順で読むと読みやすいと思う番号を振ってください。

4-5 PFD 表記のルール

PFD にはいくつか守らなければならないルールがあります。これは表記そのもののルールというより、プロセスの本質を考えると「そのような表記にはならない」といったほう方がいいでしょう（**図 4-18**）。

PFD のルール「インプットのないプロセスを作らない」

プロセスとはあるインプットをアウトプットに変換する一連のタスクの固まりを指します。したがって、プロセスには必ずインプットがなければなりません。

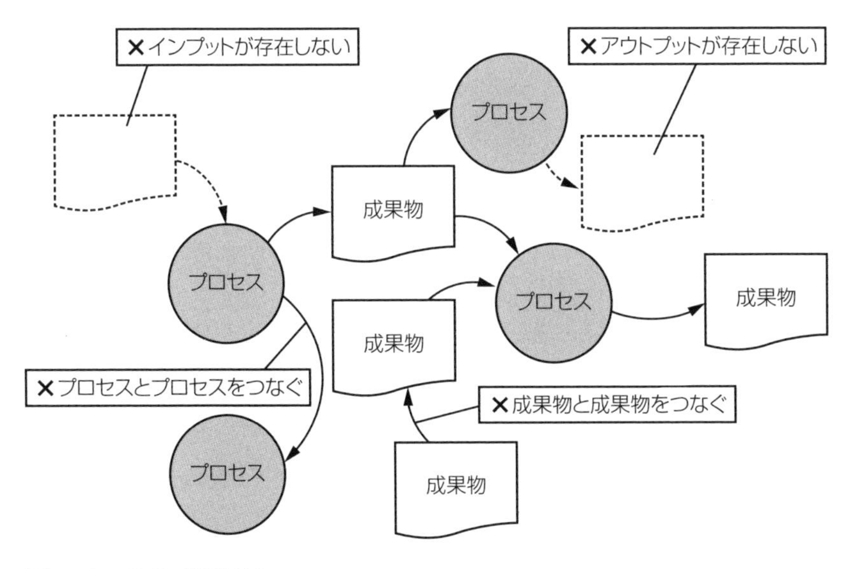

図 4-18 ■ PFD 表記 NG

作業はイメージできてもインプットがイメージできない場合は、無形成果物の存在を疑ってください。例えば、「要求を聞き出す」というプロセスの場合、インプットとして成果物はイメージしにくいかもしれません。しかし、「ユーザーの問題意識」「現行システムに対する不満」など、明文化されていなくても、情報としては確実に存在します。この場合は無形成果物として表現してください。

PFDのルール「アウトプットのないプロセスを作らない」

インプットと同様に、プロセスには必ずアウトプットがなければなりません。アウトプットがなければ、インプットを変換せずに飲み込むだけのプロセスということになりますから、そのプロセスは本当は不要なのか、生み出すべき成果物があるにもかかわらず残していないかのどちらかです。

PFDのルール「プロセスとプロセスはつながない」

上記2つのルールから必然的に導かれるルールは、プロセスとプロセスは直接つながることはないということです。

PFDのルール「成果物と成果物はつながない」

成果物には必ずそれを生み出したプロセスがあります。したがって、成果物から直接、成果物が生み出されることはないため、PFD上も成果物と成果物が直接つながることはありえません。

4-6 簡単なプロセスを設計してみる

ここで「インプット－プロセス－アウトプット」のつながりを作る練習をしてみましょう。

問1「スケジュール」をアウトプットする

図4-19にはアウトプットとして「スケジュール」が書かれています。インプットとなる2つの情報と、それを加工するプロセスを表現してください。

問2「要求リスト」に優先順位をアウトプットする

図4-20ではプロセスへのインプットとして「要求リスト」と「6R」が入力され、優先順位が元の「要求リスト」にアウトプットされています。このときのプロセスを「○○を～する」で表現してください。

問3「新システムへの要求リスト」をアウトプットする

図4-21では「蓄積された要求」をインプットとして「新システムへの

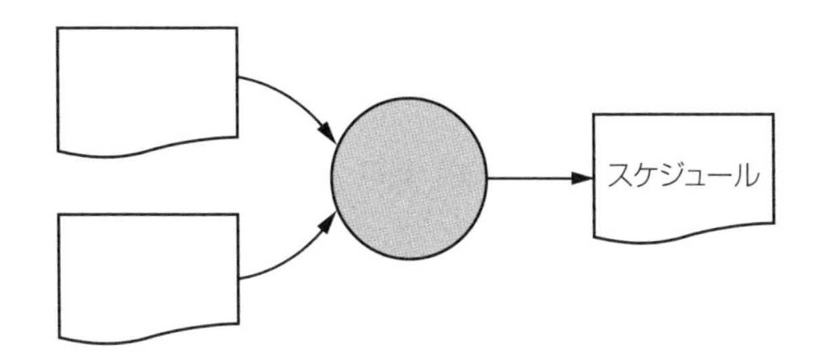

図4-19 ■問1

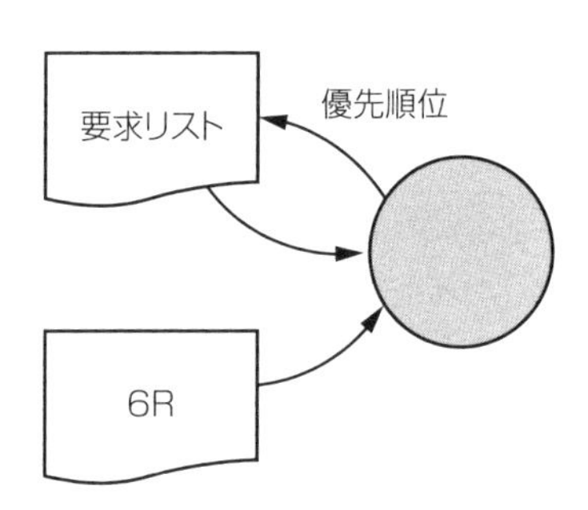

図 4-20 ■問2

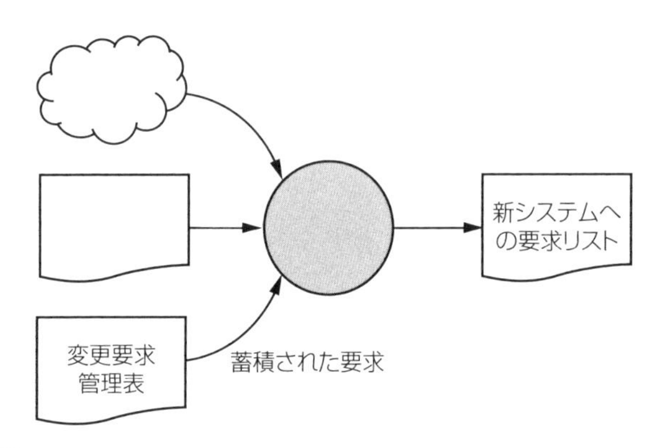

図 4-21 ■問3

要求リスト」がアウトプットされています。ここでいう「新システム」は「現行システム」と対比されるものと考えてください。

インプットは「蓄積された要求」以外にも２つあります。１つは無形成果物、もう１つは有形の成果物です。この２つの成果物とそれらを変換するプロセスを表現してください。

解答例1「スケジュール」をアウトプットする（図4-22）

ここでまず、「アウトプットはどのようなものか」を考えます。スケジュールとは「いつ、何をするのか」を具体化したものですから、まず「いつ」の情報が必要です。さらに、すでに埋まっている時間は使えませんから、「いつ空いているのか」という「利用可能な時間（帯）」がインプットとしてほしいところです。

次に必要なのが「何をするのか」です。やらないといけないことをどのような形で持っているのかは人によって異なりますが、ここでは「TODOリスト」としました。メールで管理しているなら「メール」としてもいいでしょう。

プロセスは「スケジュールを組む」などと表現したくなりますが、それだと包括概念になってしまいます。ここで「『スケジュールを組む』とはどんな思考なのか？」を自問してみると、「空き時間にタスクを割り当て」ていることだとわかります。

ポイントは、そのプロセスで自分がどのような思考をしているのかを、ラベルを貼らずに考えることです。「スケジュールを組む」と一括りにラベルを貼るのではなく、「空き時間を探す」「その時間でやるべきことを

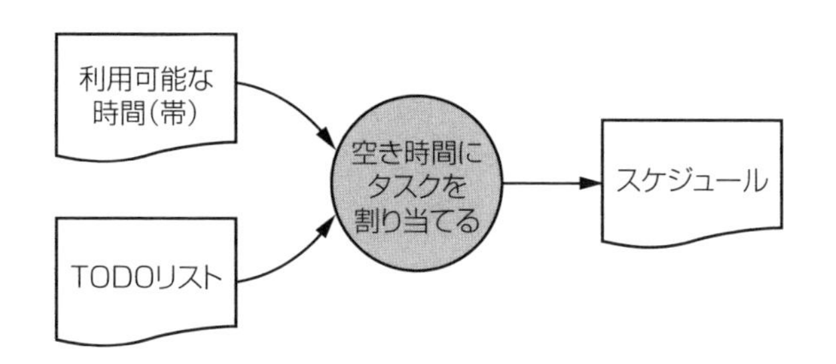

図4-22 ■解答例1

選ぶ」と自分の思考を客観的に観察する練習が必要です。

解答例2「要求リスト」に優先順位をアウトプットする（図4-23）

インプットとして入力した情報に追加・更新するパターンです。「6R」にはプロジェクトの背景や要求、さらに期待する成果が記述されていますから、要求リストのうち、何を優先するかの考え方・基準がプロセスにインプットとして利用されます。

プロセスとしては「優先順位をつける」と表現したくなるところですが、実際に行われる思考を考えてみると、「要求リスト」と「優先度の基準」をインプットとして、「優先度を評価する」ことによって、優先順位は結果として「つく」のです。

解答例3「新システムへの要求リスト」をアウトプットする（図4-24）

アウトプットは「新システムへの要求リスト」です。現行システムを新システムに刷新する際の要求をアウトプットするには、どんな情報が必要かを考えます。

「変更要求管理表」には、現行システムに対して「こういう機能が欲しい」「このように使い勝手を変えてほしい」などの要求が蓄積されてい

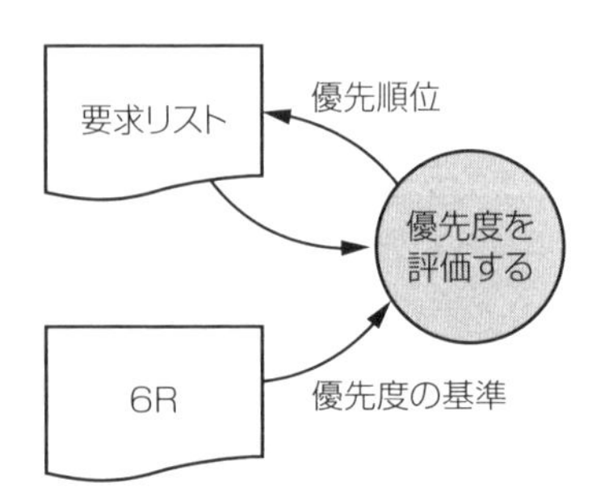

図4-23 ■解答例2

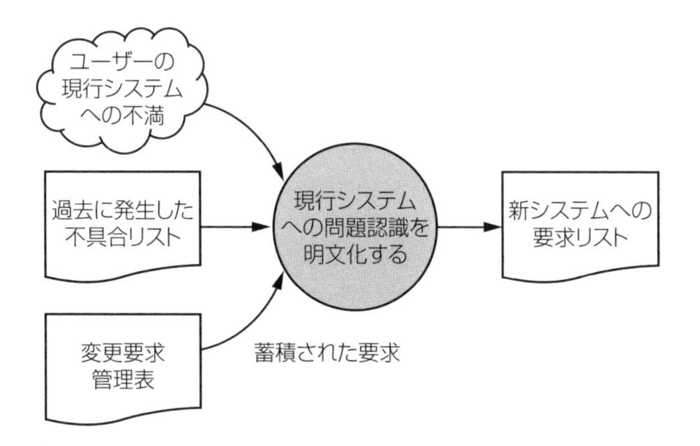

図 4-24 ■解答例3

ます。この「蓄積された変更要求」が１つめのインプットです。

現行システムへの要求はすべてが変更要求になっているわけではなく、ユーザーが普段不満に思っていることもあるはずです。これは明文化されていないものなので無形成果物として扱います。「ユーザーの現行システムへの不満」としましょう。

また、保守フェーズで発生する不具合はすべてが修正されるわけではなく、残っているものがあります。この不具合のリストから「新システムで考慮すべきこと」がわかることも多いものです。そこで「過去に発生した不具合リスト」をインプットとします。

練習問題として３つ挙げましたが、解答例は正解ではなく、あくまでも「例」でしかありません。ここでつかんでいただきたいのは、「インプット－プロセス－アウトプット」の関係であり、「インプットをアウトプットに変換する」という感覚です。

4-7 PFD の描き方

では、具体的に PFD を使ったプロセス設計の思考プロセスを見ていきましょう。プロセス設計の思考は以下の 4 つの STEP で構成されます（**図 4-25**）。

STEP1 対象の成果物を選ぶ

プロセス設計は「アウトプットから考える」のが大原則です。まず、そのプロセスが何を生み出そうとしているのか、成果物を選びます。設計プロセスなら「設計書」、要件定義プロセスなら「要件定義書」「要求

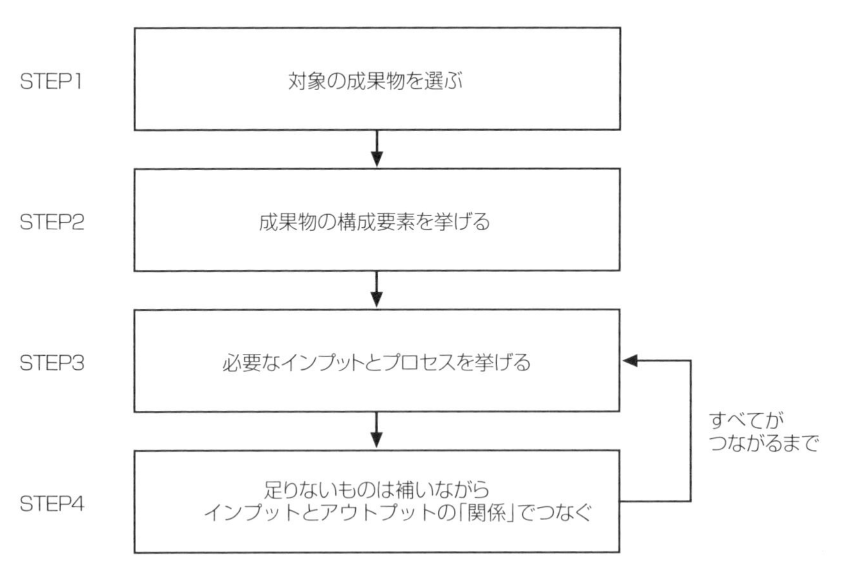

図 4-25 ■ PFD の描き方

仕様書」などが成果物になります。

STEP2 成果物の構成要素を挙げる

選択した成果物がどのようなものでなければならないのかを具体的に考えるために、その成果物がどのような構成要素を持っているのかを考えます。構成要素を考えることで、具体的なイメージがわきます。

STEP3 必要なインプットとプロセスを挙げる

成果物のイメージが具体化すれば、その成果物をアウトプットするために必要はインプットが見えてきます。インプットがわかれば、それらを「どう加工するか」をプロセスとして表現します。

STEP4 足りないものを補いながら、入力と出力の「関係」でつなぐ

成果物から逆算しながら、「インプット－プロセス－アウトプット」の関係で、要素をつないでいきます。つながりを考えているうちに、不足しているインプットやアウトプット、それまで見えていなかった「つながり」に気づくはずです。足りないものを補い、細か過ぎるものはまとめるなどしてつないでいきます。

最終的に、すべてのプロセスがつながって現在地に到達できるまで、STEP3 と STEP4 の作業を繰り返します。

ケース：会計システム刷新プロジェクト

ここで「会計システム刷新プロジェクト」の全体像を PFD で表現して見ましょう（図 4-26）。

まず、最終成果物として考えられるものを挙げてみます。プロジェク

ト全体が対象ですから、

- 本番システム環境
- 運用設計書
- （本番稼働後の）稼働レポート

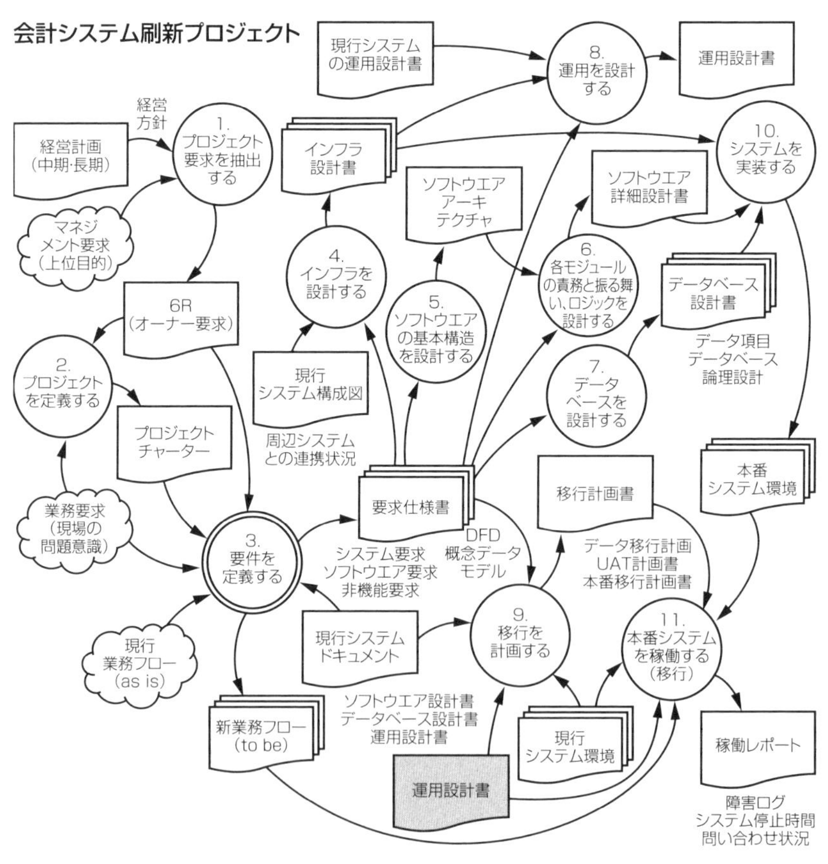

図4-26 ■ PFDで描いた「会計システム刷新プロジェクト」の全体像

などが考えられます。

これらの最終成果物から逆算していきます（ここではわかりやすいようにプロセスに番号をつけて説明しますが、この番号はプロセスの設計が一通り終わってからつけたものです）。

11. 本番システムを稼働する（移行）

「稼働レポート」（PFDの右下）は、本番システムを稼働した結果（移行が終わってから）、生み出されるものですから、プロセスとして「11. 本番システムを稼働する（移行）」とします。本番システムに移行するためには「現行システム環境」と「本番システム環境」が必要です。

さらに環境だけあっても、どう移行するのか、移行した後どのように運用するのかといった計画書、設計書が必要です。そこで「移行計画書」と「運用設計書」がインプットとして挙げられます。

10. システムを実装する

本番システム環境は「10. システムを実装する」プロセスでアウトプットされます。インプットは「ソフトウエア詳細設計書」「データベース設計書」「インフラ設計書」といった一連の設計書です。

9. 移行を計画する

移行計画書があるということは、「9. 移行を計画する」プロセスがあるということです。移行を計画するにはインプットとして「現行システムドキュメント」と「要求仕様書」、さらに「運用設計書」も必要です。

8. 運用を設計する

「9. 移行を計画する」のインプットである「運用設計書」は、システムの運用体制、スケジュール、バックアップの設計などが示される文書です。この文書は「現行システムの運用設計書」と「インフラ設計書」をインプットとして、「8. 運用を設計する」プロセスでアウトプットされます。

「9. 移行を計画する」のインプットとしての「運用設計書」は、グレー表示されています。これは「PFD上で複製されている」ことを示すものです。運用設計書は「8. 運用を設計する」でアウトプットされますが、「9. 移行を計画する」との距離が遠いため、複製してインプットとして配置しています。色ではなく記号で表すなど、「複製」であることが分かればOKです。

7. データベースを設計する

「10. システムを実装する」のインプットの1つである「データベース設計書」は「7. データベースを設計する」プロセスでアウトプットされます。

6. 各モジュールの責務と振る舞い、ロジックを設計する

ソフトウエア詳細設計書とは、ソフトウエアアーキテクチャで示された各モジュールをさらに分解し、責務、振る舞い、ロジックを考えることです。そこでプロセスを「6. 各モジュールの責務と振る舞い、ロジックを設計する」とします。

5. ソフトウエアの基本構造を設計する

「6. 各モジュールの責務と振る舞い、ロジックを設計する」のインプットである「ソフトウエアアーキテクチャ」は、要求をどのようにソフトウエアで実現するのかという方式、基本構造を示したものです。そこでプロセスを「5. ソフトウエアの基本構造を設計する」とします。

4. インフラを設計する

「4. インフラを設計する」には、いまどのようなシステム構成になっているのかを示す「現行システム構成図」と、データ容量、パフォーマンスなどの非機能要求が示された「要求仕様書」がインプットとして必要となります。

3. 要件を定義する

インフラ設計書、ソフトウエアアーキテクチャ、データベース設計など、ほとんどの成果物の上流インプットとなるのが「要求仕様書」です。要求仕様書とは「設計可能」かつ「検証（テスト）可能」なレベルで仕様が記述されている必要があります。そのためにはインプットとして、現場から示される「業務要求」、プロジェクトの背景、目的が示された「プロジェクトチャーター」「6R」、システム化範囲が示された「新業務フロー」が必要となります。

2. プロジェクトを定義する

「企む」プロセスで解説したように、プロジェクトチャーターはオーナーからの要求を整理した「6R」とともに、現場の問題意識を合わせて「2. プロジェクトを定義する」プロセスでアウトプットされます。

1. プロジェクト要求を抽出する

オーナーのプロジェクトに対する要求を知るには、プロジェクトの上位概念である戦略や方針を知る必要があります。通常、組織の方針は「経営計画」として表現されています。経営計画とともに、明文化されていない問題意識を無形の「マネジメント要求」として、「1. プロジェクト要求を抽出する」プロセスで明確にします。

ここまで最終成果物である「稼働レポート」から、最上流のインプットである「経営計画」までを逆算してきました。実際にプロセスを設計するときは、説明のように一方通行で逆算できないことがほとんどです。行ったり来たり、試行錯誤を繰り返しながら設計を洗練していきます。

ケース：要件定義プロセス

ここでさらに具体的なケースとしてプロジェクトの「3. 要件を定義する」プロセスに分け入ってみましょう（**図 4-27**）。

図 4-26 で示した「3. 要件を定義する」のアウトプットは「要求仕様書」と「新業務フロー」でした。「要求仕様書」には、画面のレイアウト、振る舞い、データリストなど、ソフトウエアに関する要求、データ容量、パフォーマンスなどの非機能要求が含まれています。

非機能要求は**図 4-27** の「3-9. 非機能要求を定める」プロセスで、「現行システムドキュメント」と「業務要求（現場の問題意識）」をインプットとして生み出されます。

機能的要求には画面仕様、画面遷移仕様、機能仕様などが含まれるはずです。機能的要求は「新業務フロー」「現行システムドキュメント」をインプットとして、「3-8. システムの振る舞いを定める」でアウトプットされます。

新業務フローは「3-7. 業務フローを設計する」でアウトプットされます。新業務フローを設計するには、ECRS（Eliminate（排除）、Combine（統合）、Rearrange（入れ替え）、Simplify（簡素化））などの観点で見直された「新業務リスト」が必要です。新業務がリスト化されているということは、その前に「3-6. 業務を統廃合する」プロセスがあるはずです。

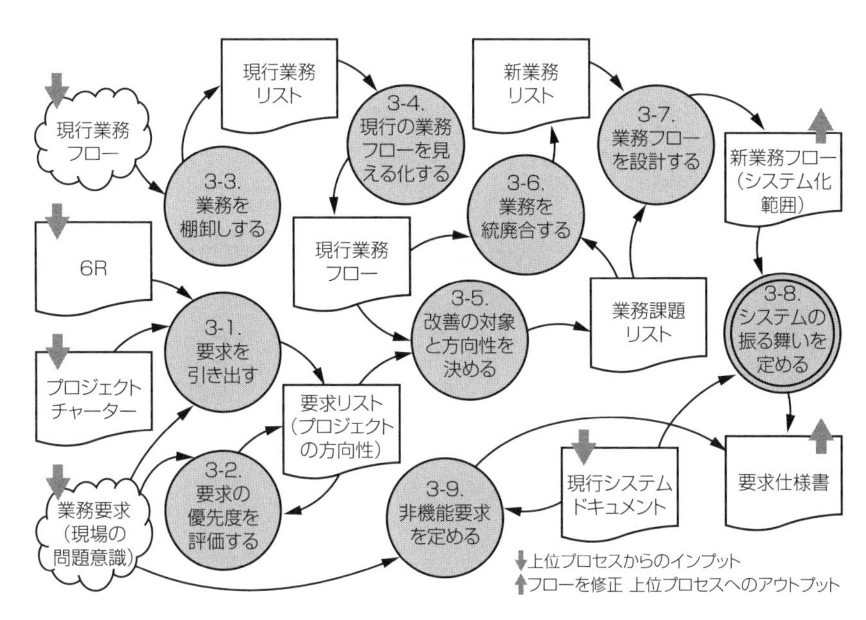

図 4-27 ■「会計システム刷新」プロジェクトの「要件定義プロセス」

「3-6. 業務を統廃合する」プロセスには、インプットして「現行業務リスト」があり、その課題が抽出されていなくてはなりません。ということは「3-5. 改善の対象と方向性を決める」「3-4. 現行の業務フローを見える化する」というプロセスが存在するはずです。

「3-4. 現行の業務フローを見える化する」ためには、いまどのような業務があるのかを棚卸しする必要があります（「3-3. 業務を棚卸しする」）。現行業務が明文化されていなければ、インプットとしての「現行業務」は無形成果物となります。

「3-5. 改善の対象と方向性を決める」には、プロジェクトの方向性を示す「要求リスト」が必要です。要求リストは「6R」「プロジェクトチャー

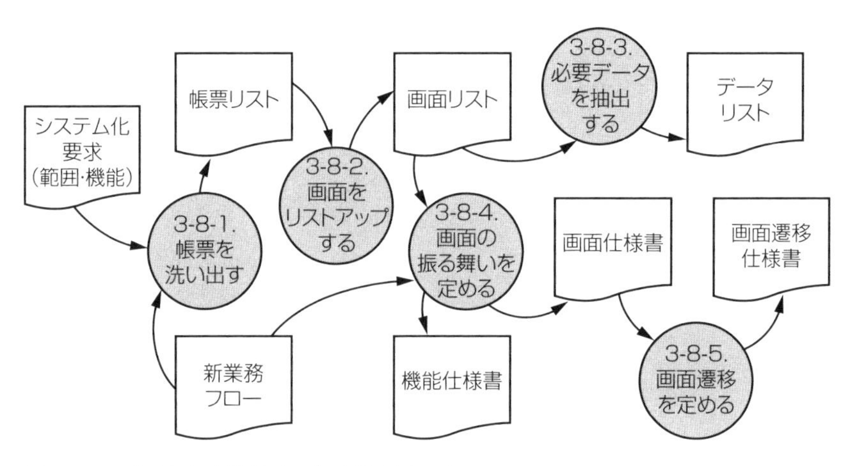

図 4-28 ■「要求を仕様化する」を階層化したPFD

ター」をインプットとして「3-1. 要求を引き出す」プロセスでアウトプットされます。

さらに「要求リスト」は「業務要求（現場の問題意識）」をもとに「3-2. 要求の優先度を評価する」プロセスで取捨選択されます。

このように「インプット－プロセス－アウトプット」の関係で逆算すれば、要件定義で何をしなければならないのかが、つながりを持って理解できます。

さらに「3-8. システムの振る舞いを定める」を階層化したものが**図4-28**です。「現行システムドキュメント」と「新業務フロー」をインプットとして、「画面仕様書」「機能仕様書」「データリスト」「画面遷移仕様書」をアウトプットするプロセスが表現されています。これらアウトプットが機能要求として、上位プロセスの「要求仕様書」に記載されます。

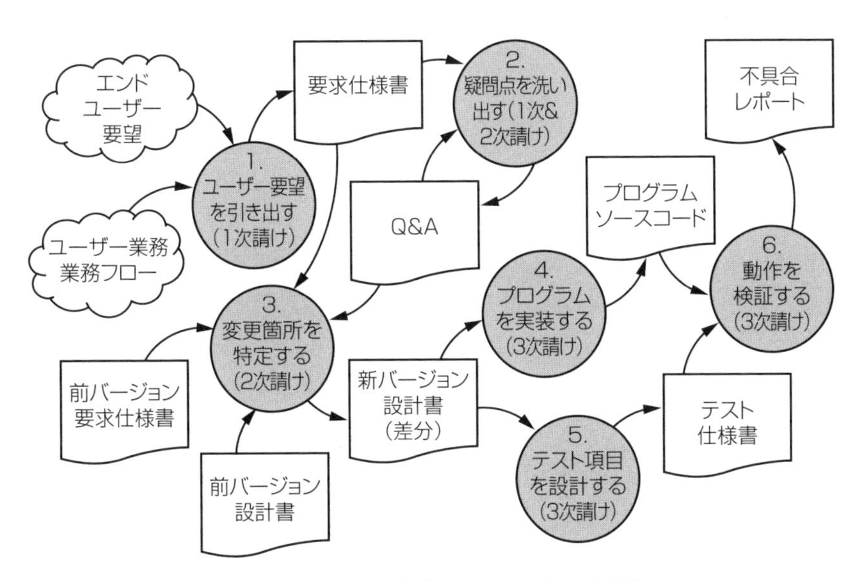

図 4-29 ■「ソフトウエアの下請け構造」「前モデルの部分変更」の PFD

ここまで、プロセス設計のロジックを理解いただくために、PFD で表現されたプロセスのつながりを文章で説明してきました。図を文章で説明しようとすると、かなり長くなるばかりか、一覧性に欠け、わかりにくいことがわかると思います。頭の中でつながりを構築しないといけないため、理解しづらいのです。ここに、図で考えることの優位性があります。

プロジェクトの制約条件をプロセス設計で克服する

プロセス設計が特に威力を発揮するのは、プロジェクトが持つ制約条件やリスクをどのように克服するかを考えるときです。**図 4-29** は、よくある「ソフトウエアの下請け構造」「前モデルの部分変更」を PFD で表現したものです。

まず1次請けがユーザーから要求をヒアリングし、要求仕様書を作成しています。やっかいなことに、要求仕様書を作る人はエンジニアリングを知らないケースが多い。設計をしたことがない人が書いた要求仕様書を基に設計するのは大変な困難を伴います。設計するには情報が足りなかったり、実現不可能なことが書いてあったりします。

そんなグダグダな要求仕様書を2次請けは受け取って、なんとか設計しようとしますが、情報が足りないので「Q & A」という形で質問や要望を出します。それを1次請けはまたユーザーとやり取りして返さなければいけません。ですから、返ってくるまでに時間がかかる。Q & Aのレスポンスが返ってこなくても納期が延びるわけではないので、2次請けは「3. 変更箇所を特定」し始めてしまいます。

変更箇所の特定のインプットとなるのは前バージョンの設計書と、これも抜けだらけの前バージョンの要求仕様書です。もし前回がデスマーチになっていれば、それらの信頼性は低いでしょう。

足りない情報、信頼性の低いドキュメントを基にエンジニアが変更箇所を特定している間に、Q & Aが返ってきます。Q & Aには「回答」という体裁で「仕様変更」が盛り込まれてきます。これは仕様書には反映されません。仕様書に反映されなければ、試験でも考慮されません。

このように現状の「仕事の仕方」をPFDで表現することで、このあと何が起こるかが見えてきますし、どこに問題があるかも明らかになります。このケースでは1次請けが行う「1. ユーザー要望を引き出す」プロセスと、「要求仕様書」の品質に問題があるのは明らかです。

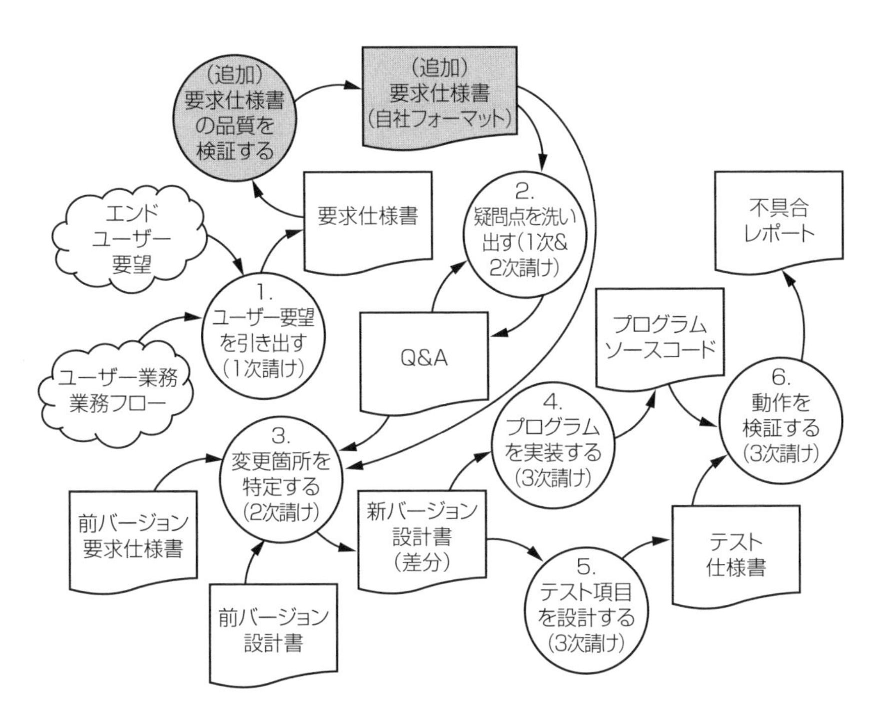

図 4-30 ■図 4-29 に「要求仕様書の品質を検証する」を加えたプロセス

ここで1次請けから出された「要求仕様書」の品質を検証するとともに、自社の要求仕様書に変換するプロセスを追加することができれば、プロジェクトの上流段階で仕様の不具合を検出することができます（**図 4-30**）。

さらに、前モデルの設計書が信頼できないのであれば、変更箇所を特定する前に、現状の設計やプログラムの構造を解析するプロセスを設けるのもよいでしょう。

プロセスは決まったものがあるわけではなく、プロジェクトごとに設計するものです。プロセスを設計するときに必要なのは、問題解決志向であることです。プロジェクトはどのような制約条件とリスクを持っているのかを認識し、それらを解決するプロセスを設計することで、プロジェクトの不確実性を乗りこなすことが可能になります。

プロセス設計のコツ

プロセスを設計するには、私たちが普段親しんでいる思考、すなわち「手順思考」から離れる必要があります。それには訓練が必要ですが、訓練をするにも「気をつけるべきポイント」を知っておくとよいでしょう。

ポイント① インプットとアウトプットの整合性

プロセス設計で最も陥りやすい間違いは「手順」でつないでしまうことです。インプット－プロセス－アウトプットの「関係」ではなく、「手順」でつなげられたプロセスは、インプット１つに対して１つのアウトプットが生み出され、その１対１の流れがずっとつらなっていく傾向があります。手順でつなぐと、一見成立しているように見えますが、インプットとアウトプットの整合性が取れません。「そのインプットで、そのアウトプットが作れるか？」「ほかに必要な材料はないか？」を自問することで、整合性をチェックできます。

ポイント② プロセスが「包括概念」になっていないか

プロセスの役割、責務の理解があいまいなときは、プロセスの名称に「包括概念」を使ってしまいがちです。包括概念とは「中身のない言葉」「実行できない概念」です。「管理」「分析」「調査」などは、その内部に何でも含むことができてしまいます。

包括概念を使うと、そこに不確実性が潜り込みます。どのようなプロセスなのかを理解していなくても、PFD 上は描けてしまうからです。プロセスの名称は、実行をイメージできるものにします。

ポイント③「条件」はインプットとして扱う

プロセスの名前を付けるときに「○○を、『××で』、△△する」のように、『××で』と条件や判断基準を盛り込みたくなるときがあります。「要求の優先順位を要求度で評価する」といったようにです。しかし、条件や判断基準は、プロセスの名称に盛り込むのではなく、インプット情報として扱うべきです。インプットとして扱うことで「その条件はどこで定義すべきか？」という問いがわいてくるからです。

ポイント④ 詰まったら「暗黙の無形成果物」に注目する

そこに明らかにプロセスがあるにもかかわらず、プロセスとしてどのように表現していいかがわからないときには、無形成果物が隠れているケースがよくあります。「経営からの要求」や「現場の問題認識」などがそれに当たります。「どうもしっくりこない」と感じたら、立ち止まって、普段意識していない無形成果物が隠れていないかを考えてみましょう。

共通言語を確立し、維持する

プロジェクトを円滑に進めていくために、最も重要で、かつ難しいのが、プロジェクト内外で「共通認識」を確立し、維持することです。ベンダーとユーザー、情報システムと業務部門、経営層と現場など、背景の異なる人たちが、プロジェクトに対する共通認識を持つのは至難の業です。

特に「いま、プロジェクトはどこにいるのか」「これからどのようにプロジェクトは進む（進める）のか」について、全員が理解していなければ、それぞれの立場の人が「自分たちは何をすればいいのか」がわからず、プロジェクトへのコミットメントを引き出しにくくなります。

プロセスは表現されなければ見ることはできません。表現されないものは、共有も、検証もできません。PFDを使ってプロセスを「見える化」することで、プロセスを共有し、議論することが可能になります。プロセス設計を身につけるということは、プロセスを表現する思考回路とツールを手に入れ、組織の共通言語を確立するということでもあります。

プロセスは定義するのではなく、設計する

筆者がコンサルティングに訪れると必ずといってもいいほど耳にするのが「プロセスを守るために、不要な成果物やチェックリストを作らないといけない」という嘆きです。

品質保証に取り組んでいる企業では、定義されたプロセスを守ったかどうかを証明する「エビデンス（証拠）」が求められます。しかし、この定義されたプロセスは「最小公倍数」的に作られることが多く、プロジェクトによっては不要な成果物も多く含まれています。そのため、「作るために作る」成果物が発生してしまい、プロジェクトメンバーにとっては不毛な作業を強いられることになるのです。

本来、プロセスは「プロジェクトごとに設計する」ものであり、定義する（固定する）べきものではありません。しかし、組織としていつもゼロから設計するのはムダだから、「標準」プロセスとして過去の経験を資産として残すのです。

「はじめに」でも述べたように、「標準」プロセスはそれを「型紙」にして、個々のプロジェクト向けに「誂（あつら）える」ためのものなの

です。スーツを仕立てるのに、フルオーダーではなく、パターンオーダーするようなものです。この標準プロセスをベースとしてオーダーすることを「テーラリング」といいます。

プロセスをテーラリングするためには、「プロセスを設計する」能力が必要となります。パターンオーダーであっても、その人の体型に本当にフィットするスーツを仕立てるためには、フルオーダーの知識が求められるのと同じです。

「品質保証部門が決めたプロセスはムダだらけ」という嘆きが多いのは事実ですし、現場にとって負担が大きいのも事実です。しかし、だからといってプロセスが不要なのではなく、一緒にプロセスを設計し、より良いものにしていくことが必要です。そのためにも、現場がプロセス設計の能力を持つ意味は大きいのです。

4-8 リスクをモニタリングする

プロジェクトが「やったことがないこと」への取り組みである以上、いくら綿密に計画を立て、モニタリングしていてもそこには「リスク」が存在します。このリスクにどんな態度で臨むのかは、組織の体質やプロジェクトリーダーの性質で大きく分かれるところです。

筆者が関わるプロジェクトでも、あるベンダーはいつも「リスクはありません」と報告し、別のベンダーは無理矢理にでもリスクを挙げてきます。どちらのプロジェクトがうまくいくかといえば、後者です。前者のベンダーはリスクがないのではなく、リスクに目をつぶっているだけなのです。

リスクに目をつぶっていれば、いつかリスクから攻撃されます。リスクを認識しなければ、リスクを軽減することもできず、リスクが顕在化したときに後手に回るからです。

リスクに攻撃される前に、どのようなマイナス影響があり得るのかを把握し、事前に対策を講じておくことによりその影響を最小にする。それがリスク管理の考え方です。プロジェクトを通じていかにリスクに向き合えばいいのか、以下、リスク分析を含むリスク管理について説明します。

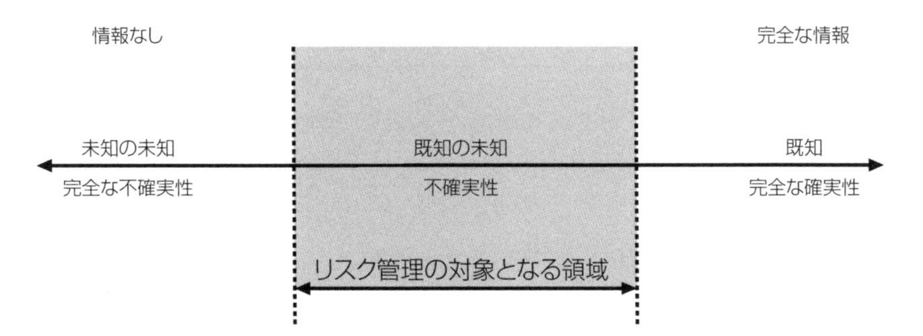

図 4-31 ■プロジェクトにマイナスの影響を及ぼすリスクは 2 つに分類できる
「プロジェクトマネジメント・ツールボックス」（ドラガン・ミロセビッチ／鹿島出版会）を参考に作成

リスク管理の対象

プロジェクトにマイナスの影響を及ぼすリスクは、情報の性質によって2つの種類に分類できます（**図 4-31**）。

まったく情報がなければ、リスクの存在そのものを知ることができません。これが「未知の未知」の世界であり、完全な不確実性です。一方、情報がある程度存在し、「起こるかどうかはわからないが、起こるかもしれない」ということがわかっているものは「既知の未知」です。リスク管理は、この「既知の未知」の領域が対象となります。

リスク管理は、次の 3STEP で進めます。

STEP1　リスクの識別
STEP2　リスクの評価
STEP3　リスクの予防と発生時の対策

リスク管理 STEP1　リスクの識別

プロジェクトにマイナスの影響を与える可能性のある要素をすべてリストアップします。

リスクを抽出するには以下の方法があります。

(1) PFD からリスクを抽出する
(2) 過去データを見返す
(3) 過去のプロジェクトの経験から抽出する

リスクを抽出するときは、「リスクがあるかないか」ではなく、「リスクがあるとしたら、何があるか？」の観点が大切です。リスク管理とは、起こってしまったことにどう対応するかよりも、起こりそうな事象を事前に予測し、対策を立てることに意味があるからです。

リスクを抽出する1つめの方法は PFD を見ることです。PFD はプロジェクトを「インプット－プロセス－アウトプット」の連鎖でつないだものですから、それをたどることでプロジェクトのシミュレーションが可能だからです。

「このインプットの品質が悪いとしたら？」
「このインプットの用意が遅れたとしたら？」
「このプロセスの難易度とスキルレベルは合っているか？」

などを問いかけながらリスクを抽出します。

次は、プロジェクトの過去データを見返す方法です。特にメールのやり取りには、プロジェクトにおいて、どのタイミングで、何が起こったのか、それにどのように対応したのかのリアルな記録が残っています。報告書などと違い、メールのやり取りは加工がされていない生々しい情報なので、状況をリアルに思い出すことができます。

過去のプロジェクトの不具合を見返して、「この不具合は何をしていれば発生しなかったのか？」を考える方法です。ここでのポイントは「どうすれば事前に見つけることができたか？」という不具合流出の視点よりも、「どうすれば発生そのものをなくせたのか？」という不具合流入防止の視点で考えることです。

どの方法をとるとしても、考慮しなければならないのは、リスクはプロセスが進行していくにつれて変化するということです。例えば、要件定義プロセスで起こり得るリスクは、要件定義が終わればなくなります。設計プロセスが始まれば新たにリスクが生まれます。

このため、リスクリストはプロジェクト初期の段階で作成した後、作りっ放しにするのではなく、定例の進捗会議、フェーズ終了のタイミングなどで継続的にレビューし、プロジェクトを通じて更新しなければなりません。

リスク管理 STEP2　リスクの評価

リスクは「発生の可能性」と「顕在化したときの影響度」によって評価します。リスクの評価で問題となりがちなのは、リストアップされたリスクがあまりに多く、評価に時間がかかるという事態です。そのため、リスクの発生確率や影響度を厳密に計算することは非現実的です。そこで、発生確率と影響度を３段階から５段階の粒度で評価するように設定

尺度	1	2	3	4	5
発生する可能性	ほとんどない	低い	可能性あり	高い	ほぼ確実

尺度	1	2	3	4	5
	非常に低い	低い	中程度	高い	非常に高い
スケジュールに対する影響	軽微なスケジュール遅延	プロジェクト全体の遅延が5%未満	プロジェクト全体の遅延が5～14%	プロジェクト全体の遅延が15～24%	プロジェクト全体の遅延が25%以上

図 4-32 ■リスクの影響度と発生確率を 5 段階に分けた例
「プロジェクトマネジメント・ツールボックス」（ドラガン・ミロセビッチ／鹿島出版会）を参考に作成

することで、リスク評価を迅速に実施できます。

図 4-32 は、リスクの影響度と発生確率を５段階に分けた例です。組織として尺度の基準を決めておけば、プロジェクト間で共通の尺度を用いて、リスクを評価できます。

それぞれにリスクについて発生確率と影響度を査定したら、次に発生確率と影響度を組み合わせて、リスク指数を算出します。リスク指数は、以下の計算式で求められます。

リスク指数＝発生確率 ＋ N × 影響度

リスクは、発生確率よりも発生したときの影響度の大きさが致命的になることが多くあります。この式では、影響度をどの程度重く見るかという係数をNとして表しています。

具体的に、発生確率と影響度を５段階で分類し、N ＝ 2としたときの

発生確率 (P)	リスク指数＝発生確率 (P) ＋2×影響度 (I)				
ほぼ確実 5	7	9	11	13	15
高い 4	6	8	10	12	14
可能性あり 3	5	7	9	11	13
低い 2	4	6	8	10	12
ほとんどない 1	3	5	7	9	11
	非常に低い 1	低い 2	中程度 3	高い 4	非常に高い 5
	影響度 (I)				

図 4-33 ■影響度の重み付け係数 N ＝ 2 とした場合のリスク指数
「プロジェクトマネジメント・ツールボックス」（ドラガン・ミロセビッチ／鹿島出版会）を参考に作成

リスク指数を**図 4-33** に示します。

リスク管理 STEP3　リスクの予防と発生時の対策

リスクを識別し、リスク指数による優先順位付けができたら、優先度の高いリスクについて「リスクの軽減策と発生時の対応策」を練ります。**図 4-34** に記したように、軽減策と対応策は以下の 3 つから構成されます。

(1) リスク予防措置
(2) コンティンジェンシープラン（発生時対策）
(3) トリガーポイント

プロセス/カテゴリー	リスク要因	発生確率	影響度	リスク指数	軽減策/対応策		
					予防措置	トリガーポイント	発生時対策
要件定義	社内に経験者がいない	5	5	15	コンサルタントを雇う	6月15日までにコンサルタントとの契約ができていない	Cチームからの支援を要請する
設計	レビュアーとしての経験がない	4	4	12	他チームの経験者にヘルプに入ってもらう	7月10日までにアサインできない	パートナー企業からアサインする
プロジェクトマネジメント	プロジェクト計画の承認が遅れる	3	3	9	役員会からの支援を根回しする	8月10日までにプロジェクト承認が下りない	上級管理職を飛ばして、役員会から直接承認を得る

図 4-34 ■リスクの軽減策と発生時の対応策を練る

1つめのリスク予防措置では、「リスクの回避」「リスクの軽減」によって、リスクが発生する前に対策を講じます。

リスクを消滅させるために、スケジュールや要件を変更することは「リスクの回避」に当たります。

「リスクの軽減」は、リスクの発生確率と影響度を許容範囲内に抑えることです。例えば、上級管理層がプロジェクトレビューに参加できないというリスクがあるとき、レビュー回数を減らす、役員からレビュー参加への呼びかけをしてもらう、などが、このリスク軽減に当たります。

2つめの発生時対策とは、リスクが顕在化し、問題となったときにどのような対策をとるのかをあらかじめ決めておくことを指します。必要なリソースが確保できないというリスクがあれば、「過去に発注したことがあるパートナー企業にアウトソースする」という対策が考えられます。

発生時対策と同時に、その対策を実行に移す「トリガーポイント」を設定しておく必要があります。これが3つめです。このポイントをあらかじめ決めておかなければ、「もう少し様子を見てから」と先延ばしにしたり、リスクの顕在化そのものを見逃したりする可能性があるからです。「○月○日までにリソースが確保できていない」と具体的に定義します。

プロジェクトは不確実性の固まりですから、終始、リスクにさらされています。リスクを積極的にマネジメントしようとしなければ、いずれリスクから攻撃されてしまいます。

ここで紹介したリスク管理のプロセスは、非常にシンプルですぐに実践でき、効果の高いものです。プロジェクトを成功に導くマネジャーは、おしなべて"高いリスク感度"を持っています。リスクに攻撃されるのではなく、リスクをチャンスに変えられることも、プロジェクトを成功に導くプロジェクトマネジャーの条件です。

第 5 章

「視る」プロセス

Project Management

5-1 進捗は管理できない、従来型進捗管理の問題点

プロジェクトとは「やったことがないこと」に取り組むことであり、「やってみないとわからない」という不確実性を持っています。この不確実性を乗りこなすためには、「不確実性そのものを小さくする」「徐々に不確実性を小さくする」「衝撃に備える」の３つのアプローチがあることは、第１章ですでに触れました。

３つのアプローチのうち、「不確実性そのものを小さくする」ための方法論が「プロセス設計」です。プロセスを設計することでプロジェクトが持つ不確実性の初期値を小さくすることができます。また、組織として標準プロセスを整備し、それを洗練していくことで組織としての能力が向上し、不確実性の幅を小さくすることが可能です。

一方で、いくら不確実性の初期値を小さくしたとしても、それがゼロになるわけではありません。そもそも「やったことがないこと」に取り組む以上、不確実性がなくなることはないからです。そこで必要となるのが残り２つのアプローチ、すなわち「徐々に不確実性を小さくする」「衝撃に備える」です。本章ではこの２つのアプローチについて解説します。

進捗は「結果」、受け入れるしかない

「プロジェクトを管理すること ＝ 進捗管理」と考えているマネジャーは少なくありません。多くの現場では週に一度の「進捗会議」が行われているでしょう。ここで改めて「進捗管理」とは何をすることなのか考

えてみましょう。

「先週より20%進みました」「いま進捗率80%です」「オンスケ（ジュール）です」「3日遅れです」・・・。これらのフレーズは進捗会議でよく耳にします。このような「進捗」を知ることでプロジェクトをコントロールすることはできるでしょうか。

例えば「3日遅れ」とメンバーから報告があったとしましょう。するとマネジャーは「どうやってリカバリをするのか？」と質問します。遅れてしまった時間を取り戻そうとすると、できることは「作業を早くする」「働く時間を長くする」「作業を省く」のいずれかしかありません。しかも、実際には取り戻しているのではなく、無理をしているにすぎません。

すでに遅れてしまっている3日という時間は戻ってくることはありません。それはもうすでに出てしまっている「結果」です。結果そのものを変えることはできません。つまり、進捗は「結果」であり、それをマネジメントすることはできないのです。筆者はこれを「結果のマネジメント」と呼んでいます。

結果のマネジメントの最たるものが「何でこんなに遅れているんだ！」「何でこんなに不具合が出てるんだ！」と、進捗会議の場で初めて状況を知って怒り出すプロジェクトマネジャーです。出てしまった結果に対して「何で」と言うだけなら、プロジェクトマネジャーでなくても誰でもできます。

プロジェクトマネジメントは「カーナビ」のようなものだと説明しました。結果のマネジメントはカーナビでいうなら、交差点を過ぎてから「さっ

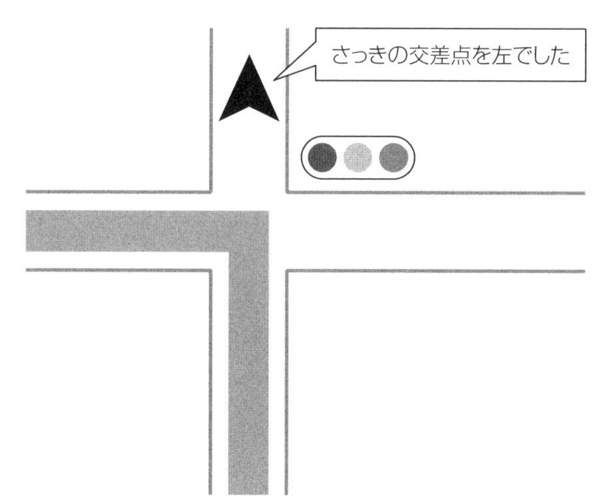

図5-1 ■結果のマネジメント

きの交差点、左折でした」と指示されるようなものです（**図5-1**）。そんな役に立たないカーナビは誰も欲しがりません。でも、同じようなことをやってしまっているプロジェクトマネジャーは少なくないのです。

実際のカーナビは、曲がる交差点などの案内ポイントに至るまでの間、何度も案内をします。「700m先、左です」「300m先、左です」「もうすぐ、左です」「ここを左です」という具合です（**図5-2**）。

同じように、プロジェクトのマネジメントで必要とされるのは、出てしまった結果に文句をいうことではなく、結果が出るまでの「プロセス」に働きかけることです。そのためには「いまどこにいるのか」という現在地を把握し、ここまま進めばどうなるのか、見通しを立てながら「案内」をする。プロジェクトマネジャーにはこうした役割が求められます。

ここでぶつかるのが、「現在地」と「見通し」をどうやって知るのか

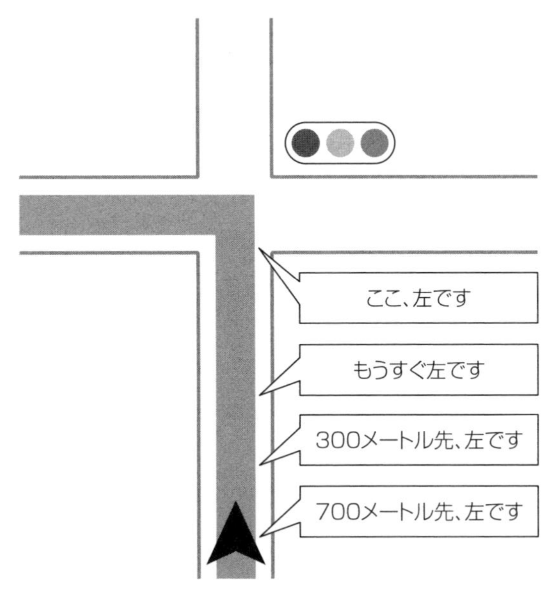

図 5-2 ■管理できるのはプロセスだけ

という問題です。プロジェクトマネジャーが持つ典型的な悩みの1つが「進捗がどうなっているのか、現実がわからない」というものです。メンバーからの「オンスケです」「あと10%です」という報告が現実を表していないことは、現場にいる人間なら誰でも知っています。筆者も初めてプロジェクトの管理者になったときに、同じ悩みを持ちました。

これはとりもなおさず、従来の「進捗管理」は、現在地と見通しを与えてはくれないということです。従来の進捗管理にはどのような問題があるのかを見た後、現在地と見通しを把握するための基本的な考え方について説明します。

従来型進捗管理には問題がある

進捗管理のベースとなるのは「プロジェクト計画」です。計画とは、作業をリストアップし、作業にかかる工数を見積もり、それをスケジュール化したものです。進捗管理とはほとんどの場合、「スケジュールに対して進んでいるか、遅れているか」を見ることを意味します。進んでいればOKだし、遅れていればリカバリ対策を考え（させ）るというものでした。

しかし、このアプローチには大きな問題があります。それは「計画段階でわかっていることは少ない」ということです。言い換えれば、計画にはわかっていることしか盛り込めないのです。

そもそもプロジェクトとは「やったことがないこと」への取り組みであり、「やってみないとわからない」ことが多いのです。作業を進めてみたら思ったより時間がかかったり、想定していなかったタスクが発生したりするのは当然のことです。つまり、計画は「変わって当たり前」なのに、それをできるだけ守ろうとすれば、無理が生じるのは当然なのです。

見積もりは確率にすぎない

さらに、計画をできる限り守ろうとする姿勢の背景には、「見積もりに対する誤解」があります。プロジェクト計画、スケジュールの前提には必ず「工数見積もり」があります。それぞれのプロセスやタスクが「どれくらいの時間がかかるのか」を見積もったものです。

仮にAという作業について「10時間でできる」と見積もったとしましょ

う。実際にその作業が10時間ピッタリで終わることはまずありません。9時間30分かもしれないし、11時間かかるかもしれません。つまり、10時間という見積もりは「10時間『前後』」という幅を持っていることを意味します。ここでいう幅とは、すなわち「確率」です。つまり、見積もりとは確率でしかないのです。

図5-3に示すグラフは、プロジェクトが完了する確率の分布を表したものです。縦軸はプロジェクト完了の確率、横軸はコスト、または工数（時間）を表しています。プロジェクトのコストや時間がゼロということはありませんから、横軸のある値を超えてからプロジェクトが完了する可能性が発生します。

また、「この時点でプロジェクトは100%完了する」と言い切れるコスト、工数は存在しませんから、グラフは右に長く伸びて横軸と交わることはありません。言い換えれば、プロジェクトはいくらでも遅れる可能性があるということです。

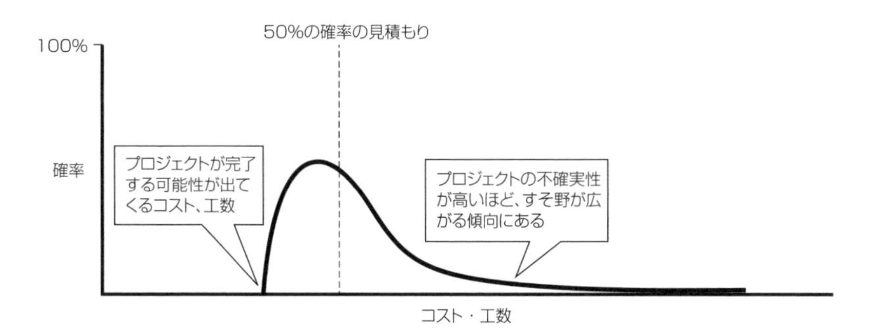

図5-3 ■プロジェクトが完了する確率の分布（コスト・工数との関係）を表したグラフ
「ソフトウエア見積り」（スティーブ・マコネル / 日経BP）を基に作成

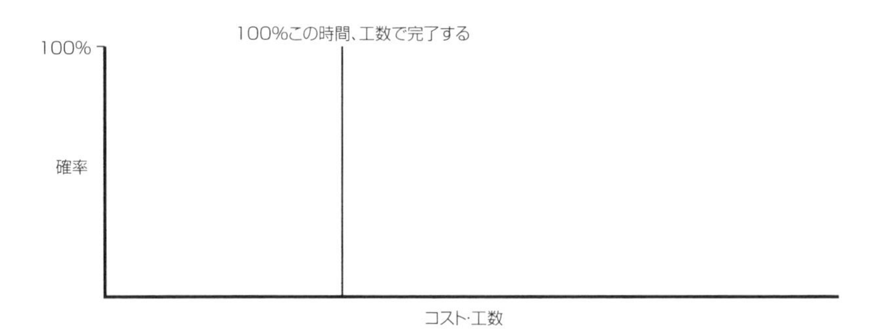

図 5-4 ■シングルポイントの見積もり。現実のプロジェクトにおいてはあり得ない
「ソフトウエア見積り」（スティーブ・マコネル / 日経 BP ）を基に作成

このように、プロジェクトの完了は確率的現象であり、幅を持っています。にもかかわらず、計画を「守る」という姿勢は、この確率分布を無視して「10時間ピッタリで終わらせる」といっているに等しいのです。このように確率を無視した見積もりを「シングルポイント見積もり」といい、グラフで示すと**図 5-4** のようになります。100%の確率で、ある時点（決まったコストまたは工数）で完了させることを求められていることになります。これは現実にはあり得ません。

従来の進捗管理は、タスクごとに時間を見積もり、シングルポイントの期限を決め、その期限を「守らせる」ことで最終的な納期を満たそうとしてきました。工程を小さく分割し、それぞれに期限を設定し、それを守るようにすれば、最終的な期限も守れる「はず」というわけです。これはそれぞれのタスクの完了時期が前後に幅を持っているという事実を無視したやり方です。事実を無視したやり方が機能するわけはありません。

進捗率はあてにならない

進捗会議でよく見られる光景に「ずっと続く進捗率90%」という現象があります。「先週も進捗率90%って言ってなかったっけ？」というやつです。あと10%で終わるはずなのに、いつまでたっても進捗率90%のまま。結局、残りの10%を完成させるために、それまでの90%と同じだけの工数がかかってしまう。このような現象を「90%シンドローム」と呼びます。

この90%シンドロームに代表される「進捗率」という数値は、何を基に出されたものでしょうか。多くの場合、「成果物がどれくらい出来上がったか」「作業がどれくらい進んだか」をベースに算出しているはずです。実際、聞いてみると「感覚値です」というベンダーすらあります。この「進捗率」がクセものなのです。

プロジェクトを適切にコントロールするには、「現在地」と今後の「見通し」を把握することが何よりも重要です。しかし、「進捗率」という指標は、現在地も見通しも与えてはくれません。進捗率を見て「進んでいる」または「遅れている」を判断しようとしても、プロジェクトの現実は見えず、プロジェクト後半になってから「開けてビックリ」という状況に陥ってしまうのです。

繰り返される計画の修正

従来の進捗管理は、それぞれのタスクの工数や期限を「守る」ことで最終的な納期を達成しようとしています。極端にいえば、計画は「修正されてはいけないもの」として扱われてきました。ところが実際は、プロジェクトが進行すると、工数や期限がどんどんずれてきます。ずれが小さいうちは「なんとかリカバリしろ」と言って計画を修正しないのですが、それも限界が来てしまうと、修正せざるを得なくなります。

ここで困ったことが起こります。計画を修正している間にも、また現実はずれていくのです。計画を修正するときには「もう修正しなくていい」ように計画を立てようとします。当然、慎重になりますから時間がかかります。そして、計画の見直し自体がプロジェクトを遅らせるという本末転倒な状況に陥ってしまうのです。

それでも初めは、現実に追いつくように計画を更新しようとするでしょう。しかし、計画と現実がずれるたびに更新していてはキリがありません。プロジェクトメンバーは貴重な時間を本来のプロジェクト作業にではなく、計画の更新作業に費やしてしまいます。これでは何のための計画かわかりません。

ふと気が付けば、いつの間にか計画は更新されなくなり、プロジェクトは進捗管理の基準を失うことになります。もはや現在地を見失ったカーナビのようなものです。プロジェクトはコントロールを失い、デスマーチに突入していきます。

これは計画が「不確実性」を前提としていないために起こる現象です。「守るための計画」には不確実性が盛り込まれません。確率を無視した計画を立てれば、計画がずれてしまうのは必然です。

ずれるのが当然の計画を守らせようとすれば、メンバーへのプレッシャーが増します。そのため、遅れを報告せず、計画をできるだけ修正しない方向に力が働きます。計画を守らせようとすることが、逆にプロジェクトのコントロールを失わせることにつながるのです。

進捗管理をやめる

筆者はコンサルティング先で「きょうから『進捗管理』というワードを使うのをやめてください」と話すことがよくあります。確率にすぎない見積もりをベースとしたスケジュールを守ろうとし、そのスケジュールをあてにならない「進捗率」で把握しようとする。そして、ずれないことを前提とした計画がずれると修正を繰り返し、修正している間にまたずれていく。こんな「進捗管理」でうまくいくわけはありません。

では、どうすればいいのか。それは従来の進捗管理における「どれだけ進んだかを見る」「シングルポイントの『期限』で管理する」「予実（予定と実績）の差が開けば、計画を修正する」というアプローチをやめて、代わりに以下のアプローチをとることです（**図 5-5**）。

・『あとどれくらいかかるか』を見る
・時間『枠』で管理する
・予実の差を前提とした計画を立てる

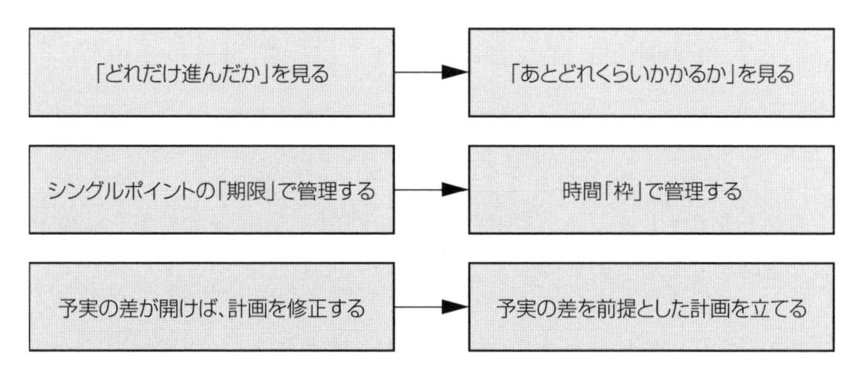

図 5-5 ■進捗管理の代わりとなるアプローチ

これを筆者は「進捗管理」ではなく、「モニタリング＆コントロール」と呼んでいます。英語における「進捗管理」に該当するものですが、プロジェクトマネジャーの果たすべき役割を明確に表現しているからです。

モニタリングとは「見続ける」ことをいいます。週に1回、月に1回だけのスナップショットで「結果のマネジメント」をするのではなく、プロセスを「見続ける」ことで、プロジェクトの「現在地」と「見通し」を把握することができます。

また、プロセスを見続けているからこそ、タイミングを得た「コントロール」が可能となります。ここでいうコントロールとは、プロジェクトを無事にゴールに連れて行くための「制御」を意味します。ある担当者の作業が遅れていれば、タスクをほかのメンバーにお願いし、あるモジュールの設計品質に懸念があればベテラン技術者にレビューをしてもらうなど、プロジェクトを成功させるためには何でもやることです。

「コントロール」は、タイミングを失すると機能しません。遅れや想定外のことが発生したとき、事態をすぐに把握していれば複数の選択肢を考えることができます。しかし、事態を把握できないまま時間が過ぎてしまえば、その間に選択肢はどんどん少なくなってしまうのです。

プロジェクトの状況を「モニタリング」することで、タイミングを得た「コントロール」が可能になります。そのために必要なのが、「『あとどれくらいかかるか』を見る」「時間『枠』で管理する」「予実の差を前提とした計画を立てる」の3つのアプローチなのです。

アプローチ①『あとどれくらいかかるか』を見る

プロジェクトマネジャーにとって「どれだけ進んだか」を管理するた

めの進捗率は、ほとんど意味がありません。「90％シンドローム」に代表されるように、「どれだけ進んだか」は「あとどれくらいで終わるのか」を保証するものではないからです。プロジェクトマネジャーにとって最も重要な情報は、それぞれのタスクが「いつ終わるのか」「あとどれくらいかかるのか」なのです。

しかし、多くのプロジェクトマネジャーはいちばん欲しいはずの「あとどれくらいかかるのか」の情報を自らシャットダウンしてしまっています。メンバーから遅れを報告されると「どうやってリカバリするのか？」「なぜ、そんなに工数がかかるのか？」と詰め寄れば、メンバーは心の中では「１週間かかる」と思っていても、「３日あればなんとかなります」と言うしかなくなるのです。

筆者が初めてプロジェクトチームのリーダーを任されたとき、最も困ったことは「プロジェクトの『現実』が見えない」ことでした。メンバーから「オンスケです」と報告をもらったとしても、次の週には「２日遅れです」といわれる。「来週にはリカバリ予定です」というのでアテにしていたら「すみません、３日遅れです」と遅れが拡大していることもよくありました。

つまり、プロジェクトリーダーもメンバーも、誰も「現実が見えていない」状況でプロジェクトを進めなければならないわけです。これほど不安なことはありません。しかも、プロジェクトは不確実性の固まりですから、状況は日々変化します。オンスケだと思っていても、想定していなかったタスクが発生すればすぐにプロジェクトは遅延します。こういった状況の変化は週に一度の進捗会議では把握しきれないのです。

プロジェクトの「現実」を把握するためには、最新の工数「見積もり」、つまり「あとどれくらいかかるのか」の情報を手に入れること、そしてその「見積もり」を状況の変化に合わせて日々アップデートできる仕組みが必要となります。

アプローチ② 時間『枠』で管理する

工数見積もりとは確率であり、幅を持っています。幅を持っているものを「シングルポイントの期限」で管理することに意味はありません。その幅を許容可能な範囲で収められるかどうかが問題なのです。

シングルポイントの期限による管理は、「結果のマネジメント」を引き起こします。「期限に間に合うか、間に合わないか」が管理の対象となるからです。これではプロセスに働きかけることを忘れてしまいます。

プロセスに働きかけるには、期限ではなく「時間枠」で見ることです。期限に間に合うかどうかではなく、「時間枠 ＝ 与えられた時間」の消費状況と「タスク達成にかかる時間」がバランスしているかどうかを見るのです。

アプローチ③ 予実の差を前提とした計画を立てる

従来の「進捗管理」では、最終的な納期に対して余裕を持った期限を設定し、そのスケジュールが遅れれば（予実に差が出れば）、計画を修正するというやり方をとってきました。そして、何回か修正をするうちに当初はあった余裕がなくなっていくことになります。

ここでの問題は、それぞれの計画は「確率」を無視していることです。プロジェクトマネジャーからすれば「スケジュールは遅れるもの」という感覚があるために、最初は厳しめのスケジュールを立てます。そしてそれが遅れると計画を修正する。感覚的には「工数見積もりには幅がある」ということは理解していても、計画は「シングルポイント見積もり」で期限を設定する。だから計画の修正が発生してしまう。

であるならば、はじめから「予実のずれを吸収できる」ように、計画を立てればいいのです。予実のずれを吸収するには「緩衝材」が必要です。この緩衝材のことを「バッファ」といいます。

タスクにどれくらいの時間がかかるのかは確率現象であり、幅を持っているということを認識し、その幅がもたらすインパクトを吸収するためには「バッファ」が必要です。

しかし、このバッファは使い方を間違えるとプロジェクトに逆効果を与えます。プロジェクトの不確実性を乗りこなすには、プロジェクトが遅れる仕組みを知り、バッファの取り扱い方を知る必要があります。次の節では、プロジェクトの不確実性を乗りこなすための「バッファマネジメント」について説明します。

5-2 不確実性の衝撃に備えるバッファマネジメント

プロジェクトは「やってみないとわからない」という不確実性を持っていますから、すべてを予測し、計画に盛り込むことは不可能です。メンバーが体調を崩して長期離脱するかもしれません。ユーザーからの変更要求が頻発することもあるでしょう。設計に予想以上に時間がかかったり、不具合の数が想定より多かったりするケースも考えられます。

このような不確実性が目の前にあるとき、私たちがとる最も一般的な行動は「余裕をみる」ことです。例えば、これから友人と食事に出かけるシーンを考えてみましょう。訪ねる飲食店の平均的な予算は5000円だとわかったとき、財布に5000円だけ入れて出かける人は少ないでしょう。

その店で5000円を超えて食べたり、飲んだりするかもしれませんし、2軒目に行くかもしれません。帰りが遅くなればタクシーを使うかもしれません。そう考えて、余裕をみて8000円、1万円と少し多めに財布に入れておく人が多いはずです（図5-6）。1万円でも心配だからと、2万円以上持って行く人もいるかもしれません。

プロジェクトにおいても、私たちはこの余裕をみるという行動をとっています。ある作業について、「10時間で終わるだろう」と見積もっても、10時間で申告すればもしかすると遅れてしまうかもしれない。そこで、余裕をみて15時間、20時間、場合によっては30時間などと申告する。これは何も楽をしようとしているわけではなく、「約束は守らなければならない」という意識がそうさせています。

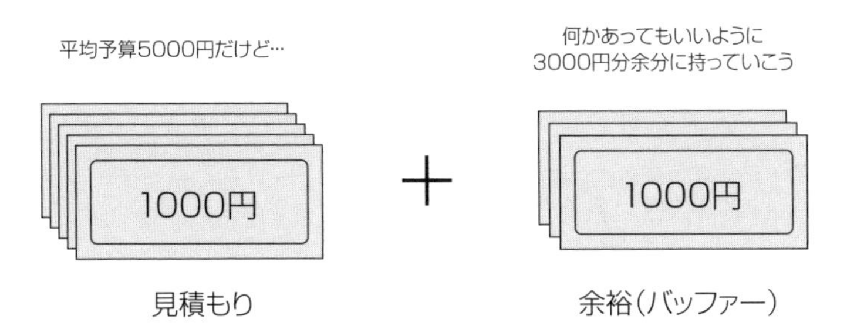

図 5-6 ■「余裕をみる」行動の例
平均予算 5000 円の店に出かけるとき、多くの人は追加の出費の可能性を考えて、余分のお金を持って行くのが普通である

こうした余裕のことを「バッファ」と呼びます。バッファとは衝撃を吸収する緩衝物のことです。工数が思ったよりもかかったときに、スケジュールへの衝撃を減らす役割を持ちます。

どれくらいバッファがあれば「安心」か

工数を見積もる際、あるタスクについて「これくらいで終わるだろう」と考えるラインは「何も想定外のことがなければこの時間で大丈夫」というラインです。確率でいえば50%です。言い換えると、100 回同じプロジェクトを実行したら、50 回はその工数で終わるだろうということです。確率分布のグラフで見ると、グラフの内側の面積の半分のところ（グレーの部分)、点線で記したラインです（**図 5-7**)。

このラインは「100 回のうち 50 回は終わる」、逆にいえば「100 回のうち、50 回は終わらない」ということですから、言い換えると「何もなければ期限までに終わる」「何か起これば遅れる」ラインといえます。

工数の見積もりを申告するとき、この「50%確率の見積もり」の数値

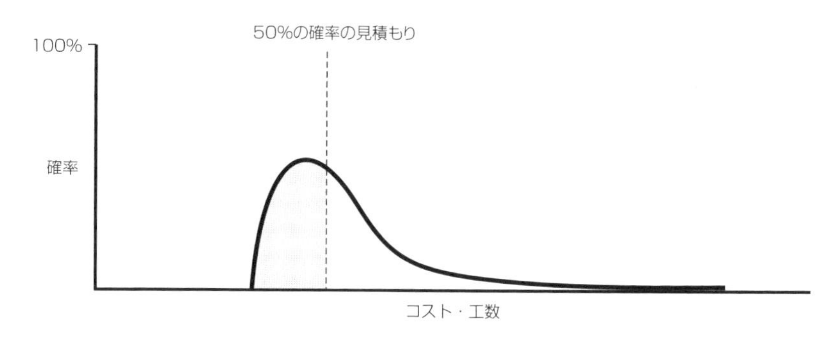

図 5-7 ■プロジェクトが完了する確率の分布（コスト・工数との関係）を表したグラフ

をそのまま申告する人はどれくらいいるでしょうか。かなり少ないはずです。ほとんどの人は、いくらかの「余裕 ＝ バッファ」を乗せて申告します。ここで、どれくらいのバッファを乗せれば安心できるでしょうか。つまり、何％の確率で終わるといえるラインの時間なら安心かということです。

筆者がコンサルティング先や企業研修の場で聞いてみると、最も多い回答は「80％から90％の確率で『終わる』といえる工数」で申告するというものです。9割方の人がそう答えます。

ということは、この50％の確率と90％の確率の見積もりの差がバッファということになります（**図 5-8**）。この2つの見積もりの差は小さくありません。50％確率の見積もりに対して、90％確率の見積もりが1.5倍から2倍、場合によっては3倍以上になることもあります。

ここで立ち止まって考えてみましょう。ほとんどのプロジェクトでは、これだけの「バッファ」を含んだ工数で計画が立てられています。しかし、それでもプロジェクトは遅れているのです。ということは、私たちのバッ

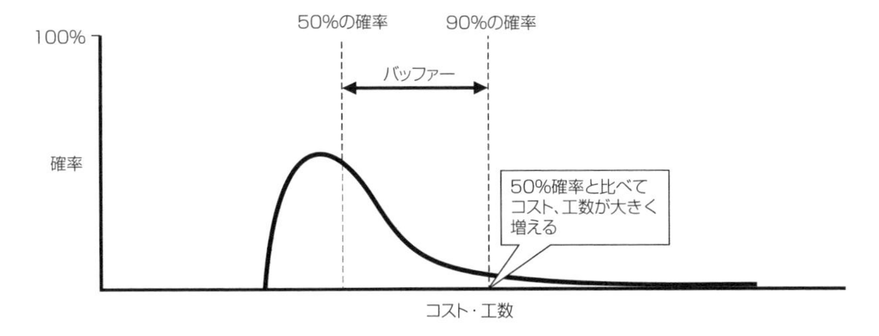

図 5-8 ■ 90%の成功確率になるようバッファを確保するケース

ファの取り扱いに何か問題があるということになります。ただバッファを積んでも問題を解決することにはならないのです。

バッファを食いつぶす２つのメカニズム

私たちがバッファをとる方法には２つあります。１つは「期日に余裕をみる」やり方です。「2月15日までにはできそうだけれど、余裕を持って２月末にしておこう」というもの。もう１つは「工数で余裕をみる」方法です。「10時間でできそうだけれど、余裕をみて20時間で申告しておこう」というものです。

これだけ余裕を持っていれば、問題なく間に合いそうなものですが、それでもなぜかプロジェクトは遅れてしまいます。プロジェクトが遅れるこのメカニズムについて、エリヤフ・ゴールドラットが著書「クリティカル・チェーン」（ダイヤモンド社）の中で解明しています。

１つは「学生症候群」、もう１つは「パーキンソンの法則」です。

バッファを食いつぶすメカニズム「学生症候群」

期日でバッファをとるときは、できるだけ期日を遠くに設定します。「2月15日」に終わると考えたとしても、余裕を持って「2月末」にするようにです。

ここで問題となるのが着手する時期です。期日に余裕を持たせたとしても、果たしてどれだけの人が早めに着手するでしょうか。仮に5日間の余裕があったとします。このとき、5日早めに着手する人は多くても1割〜2割程度でしょう。それ以外の人は「まだ時間はある」とほかの仕事を優先したり、調査・情報収集といった必ずしも必要ではない作業に時間を費やしたりしてしまいます(**図5-9**)。これをゴールドラットは「学生症候群」と表現しています。

小学生のとき、夏休みの宿題をギリギリになってから必死でやった人は少なくないはずです。筆者もまさにギリギリでやるタイプで、8月も25日を過ぎ、残り数日になってから、宿題の絵日記を描いていたのを覚

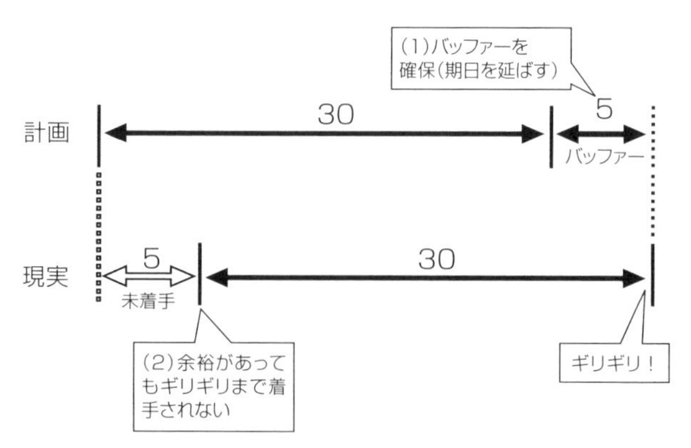

図5-9 ■学生症候群

期日を延ばす形でバッファを確保しても、結局、未着手の期間が増えるだけで有効に活用されない状況になる

えています…。

このように期日に余裕があったとしても「学生症候群」によって、その余裕はいつの間にかなくなってしまうことが多いのです。

バッファを食いつぶすメカニズム「パーキンソンの法則」

次に、工数（時間）でバッファを確保する方法についてはどうでしょうか。作業が10時間で終わる（50％の確率）と思っても、余裕をみて「20時間」（80～90％の確率）と申告する人が多いでしょう。

そこで、実際に作業してみると「15時間」で完了してしまったとします。申告していた20時間に対して5時間余ったわけです。このとき、担当者は早く終わったことを報告するかというと、そうではない人が多いでしょう。「この時間はブラッシュアップに使おう」と余裕を感じながら仕事を進めるはずです。

もし早く終わったことを報告すれば、「早く終わったならAさんの作業を手伝って」といわれたり、次の工数見積もりで「前は早く終わったよね」と見積もりを減らされたりしてしまうかもしれません。本人にとって、いいことがまるでないのです。であれば、報告しないで、「ブラッシュアップ」という名の必ずしも必要のない仕事をしていたほうがいいと思うのは無理もありません（**図5-10**）。

いずれにしても余った時間は、必ずしも必要のない作業に使われてしまいます。これを「パーキンソンの法則」といいます。パーキンソンの法則とは「仕事の量は、与えられた時間を消費するまで膨張する」というもので、要するに「浮いた時間は無駄に消費されてしまう」ということです（**図5-11**）。

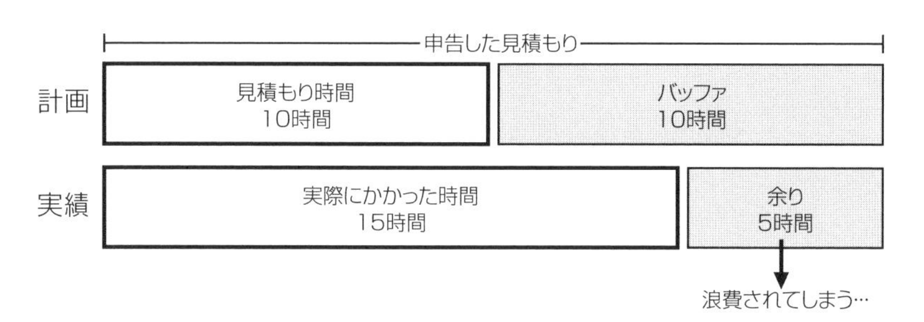

図 5-10 ■工数（時間）に基づいてバッファを確保する場合の問題点

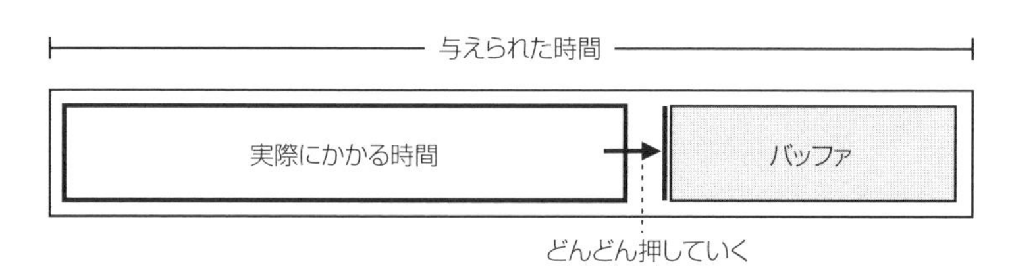

図 5-11 ■パーキンソンの法則
仕事の量は与えられた時間を消費するまで膨張する。バッファを追加しても無駄に消費されてしまうだけ

遅れだけが後ろに伝わる

プロジェクトはプロセスの連鎖であり、「インプット－プロセス－アウトプット」の関係でつながっています。ということは、あるプロセスを早く終わらせることができたとしても、プロジェクトが早く終わるとは限らないのです。これは実にやっかいです。

結合テストを例に考えてみるとわかりやすいでしょう。例えばA、B、Cという3つのモジュールがあったとします。次のプロセスではこの3つのモジュールを結合して評価することになっています。

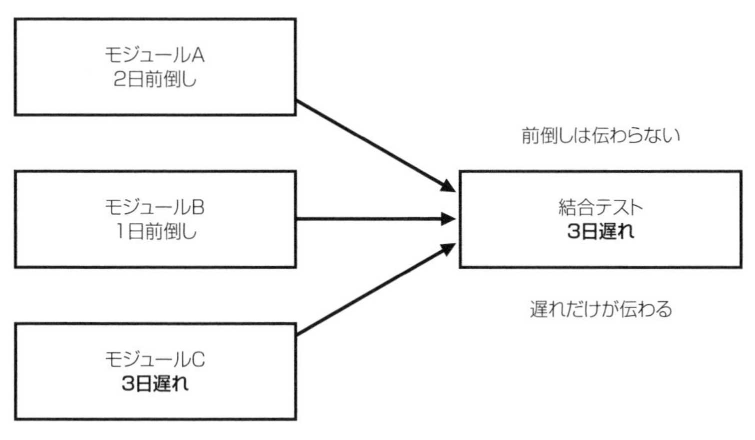

図 5-12 ■プロジェクトでは「遅れ」だけが後ろに伝わる

AとBの2つのモジュールは前倒しで作業が完了しました。しかし、もう1つのCモジュールが3日遅れで完成したとします。このとき、結合テストのフェーズはいつ始まるでしょうか。もちろん3日遅れで始まります。

このことから言えることは、つまるところ「遅れだけが後ろに伝わる」という事実です（**図 5-12**）。ある人がタスクを早く終わらせても、ほかの人が担当しているタスクが遅れてしまえば、水の泡になってしまいます。

バッファがリードタイムを長くする

「学生症候群」「パーキンソンの法則」からわかることは、「バッファは必ず消費されてしまう」ということです。それに加えて「遅れだけが後ろに伝わる」のであれば、

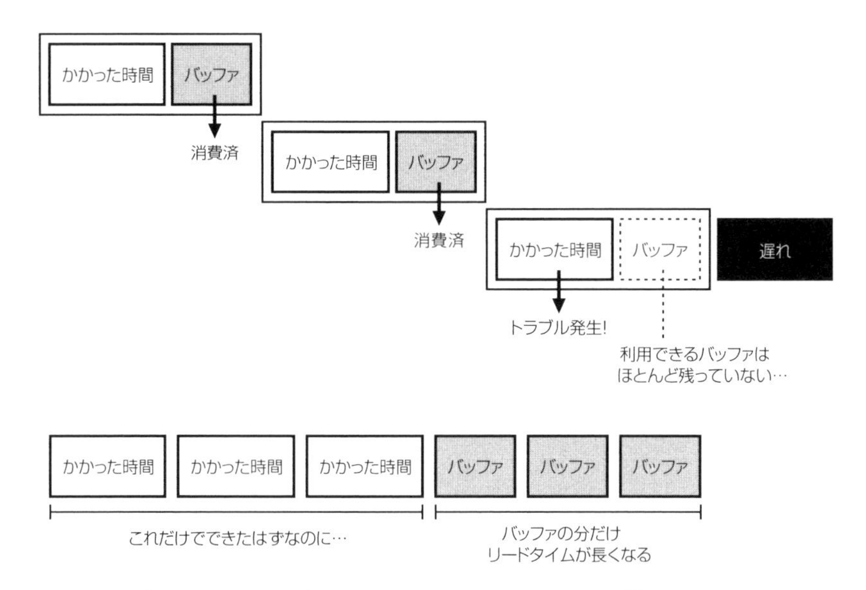

図 5-13 ■バッファの存在自体がプロジェクトのリードタイムを長くする

バッファの存在がプロジェクトのリードタイムを長くする

ということになります（**図 5-13**）。

工数を見積もる人は、楽をしようとしてバッファを乗せているわけではありません。納期を約束するためには、余裕が必要だからバッファを乗せているのです。しかし、実際には思惑に反して、バッファそのものがリードタイムを長くし、納期を遅らせる原因になっているのです。

これが「バッファを乗せているにもかかわらず、それでもプロジェクトが遅れてしまう」メカニズムです。バッファを設定することが悪いのではなく、バッファの扱い方に根本的な間違いがあったということです。

バッファは後ろでまとめる

プロジェクトの不確実性に対処するためには、計画に「緩衝物 = バッファ」を盛り込む必要があります。しかし、「学生症候群」「パーキンソンの法則」によって、いつの間にかバッファが蒸発してしまう。知らない間になくなってしまうのです。

バッファが蒸発してしまうのは、バッファが工数見積もりの中に潜り込んでしまうからです。本来の工数とバッファが混ざってしまうと、「いま本来の工数を使っているのか」「いまバッファを使っているのか」が、プロジェクトマネジャーからは見えません。本人も無自覚になってしまいます。ここに「蒸発」の原因があります。

バッファの蒸発を防ぐには、バッファをバッファとして別に管理することが必要です。バッファを取り除いた見積もりとは「何もなければ終わる」「何かあれば遅れる」というものです。つまり、50%確率の見積もりです。

そこで、見積もりの担当者には「何かあったら遅れるカツカツの見積もりを出してください。バッファは別に渡します」と依頼します。ここで大切なのは「バッファは別に渡す」と明示すること、そして「バッファは使っていい」と説明することです。これで工数見積もりとバッファを分離することができます。

また本来、工数が50%確率見積もりであれば、本来、バッファを使用する確率も50%のはずです。しかし、個々のタスクにバッファを積んでおくと、工数が見積もりを超過する・しないに関わらずバッファは蒸発してしまい、結果としてプロジェクトのリードタイムを長くなってしま

5

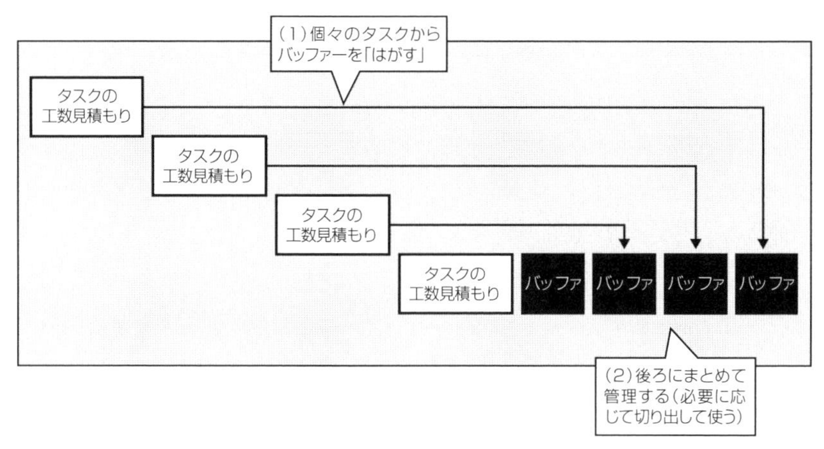

図 5-14 ■バッファを後ろでまとめて管理する
個々のタスクからバッファをはがして、後ろに持って行き、まとめて管理する

います。そこで、個々のタスクからバッファをはがし、後ろに持って行き、まとめて管理します（**図 5-14**）。

バッファをバッファとして機能させるために必要なことは「工数見積もりとバッファを分離すること」、そして「個々のタスクからバッファを分離して、まとめて管理すること」の2つです。こうすることで、バッファの蒸発を防ぎ、実際に使用するバッファの総量を減らすことが可能になります。

5-3 モニタリングシートの活用

従来の「進捗管理」のアプローチから脱却し、「モニタリング＆コントロール」を機能させるためには、

・『あとどれくらいかかるか』を見る
・時間『枠』で管理する
・予実の差を前提とした計画を立てる（バッファをマネジメントする）

の3つが必要だと説明してきました。ここからは、この3つを可能とするツールについて説明します。それが「モニタリングシート」です（図5-15）。

このツールは、ジョエル・スポルスキー氏が『Joel on Software』（オーム社）の中で「やさしいソフトウェアスケジュール」として紹介したExcelによるスケジュール管理手法に、先述したエリヤフ・ゴールドラットの「クリティカル・チェーン」におけるバッファマネジメントの考え方を組み合わせる形で筆者がアレンジしたものです。

すでに説明してきたように、バッファは不確実性がスケジュールに与える影響を吸収するために必要なものではあるものの、扱い方を間違えれば「バッファそのものがリードタイムを長くする」ことになってしまいます。この事態を避けるには、

・工数の見積もりとバッファを分離する

モニタリングシート

稼働枠	残稼働枠	当初バッファ	消化バッファ	残バッファ
265.00h	265.00h	88.00h	0.00h	88.00h

プロジェクト	会計システム刷新プロジェクト
プロセス	要件定義プロセス
作成者	山田太郎

当初見積合計	現在見積合計	消化時間合計	残り時間合計
177.00h	177.00h	0.00h	177.00h

更新日

タスク		当初サイズ	現在サイズ	当初見積	現在見積	消化時間	残り時間
レベル1	レベル2						
要求を引き出す	要求ヒアリングセッション（大要求の確認）	1回	1回	4.00h	4.00h	0.00h	4.00h
	要求ヒアリングセッション結果の文書化	10枚	10枚	5.00h	5.00h	0.00h	5.00h
	要求ヒアリングセッション（機能ごと）	4回	4回	16.00h	16.00h	0.00h	16.00h
	要求の文書化	50項目	50項目	50.00h	50.00h	0.00h	50.00h
	要求仕様書顧客レビュー	2回	2回	16.00h	16.00h	0.00h	16.00h
	要求文書の修正	25項目	25項目	25.00h	25.00h	0.00h	25.00h
要求の優先度を評価する	優先順位評価セッション　資料作成	20枚	20枚	10.00h	10.00h	0.00h	10.00h
	優先順位評価セッション	2回	2回	8.00h	8.00h	0.00h	8.00h
	経営チームセッション　資料作成	10枚	10枚	10.00h	10.00h	0.00h	10.00h
	経営チームセッション	1回	1回	3.00h	3.00h	0.00h	3.00h
業務を棚卸しする	業務棚卸しフォーム作成	1シート	1シート	3.00h	3.00h	0.00h	3.00h
	業務棚卸し結果まとめ	15シート	15シート	7.50h	7.50h	0.00h	7.50h
	業務棚卸しセッション　資料作成	15枚	15枚	7.50h	7.50h	0.00h	7.50h
	業務棚卸しセッション	3回	3回	12.00h	12.00h	0.00h	12.00h

図 5-15 ■モニタリングシート

・バッファを後ろに寄せてまとめて管理する
・バッファの消化状況をリアルタイムに把握する

という3つの機能を持ったツールが必要になります。この3つの機能がそろって初めて、衝撃に備えつつ、現在地と見通しを把握することが可能になります。

以下、「段取る」プロセスで設計した「要件定義プロセス」（**図 5-16**）

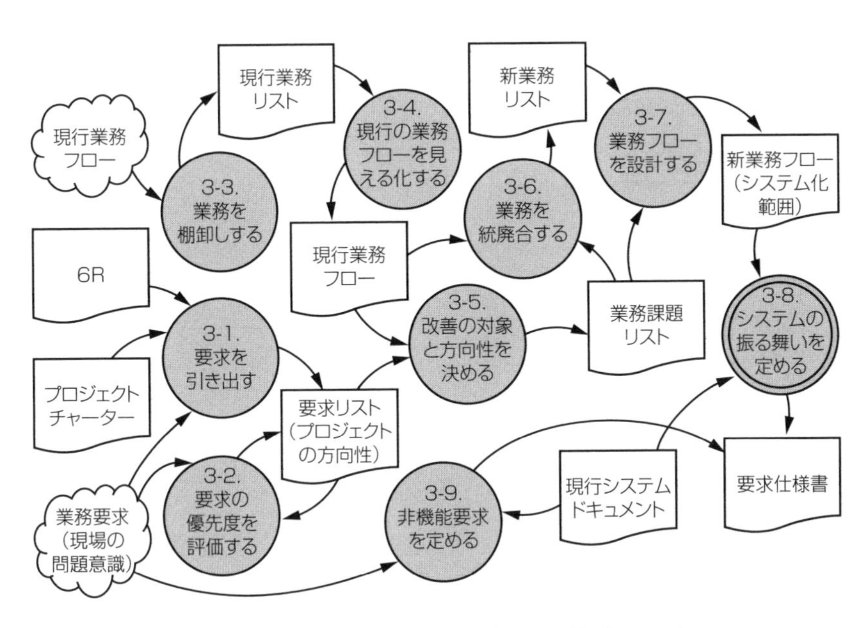

図 5-16 ■「会計システム刷新」プロジェクトの「要件定義プロセス」

を事例として、モニタリングシートの作成方法と使い方を説明します。ここでは「3-1. 要求を引き出す」から「3-3. 業務を棚卸しする」までを対象とします。

モニタリングシート STEP1　プロセスからタスクを抽出する

タスク欄レベル 1 には、PFD 上のプロセスを配置します（**図 5-17**）。そして、プロセスの中に含まれているタスクを洗い出し、レベル 2 にリストアップします（**図 5-18**）。レベル 2 に配置するタスクの粒度の目安は、一つ当たり 2 ～ 16 時間程度にしてください。16 時間を超えるタスクは作業イメージがついていない可能性が高いからです。

モニタリングシート

プロジェクト	会計システム刷新プロジェクト
プロセス	要件定義プロセス
作成者	山田太郎

	タスク
レベル1	レベル2
要求を引き出す	要求ヒアリングセッション（大要求の確認）
	要求ヒアリングセッション　結果の文書化
	要求ヒアリングセッション（機能ごと）
	要求の文書化
	要求仕様書顧客レビュー
	要求文書の修正
要求の優先度を評価する	優先順位評価セッション　資料作成
	優先順位評価セッション
	経営チームセッション　資料作成
	経営チームセッション
業務を棚卸しする	業務棚卸しフォーム作成
	業務棚卸し結果まとめ
	業務棚卸しセッション　資料作成
	業務棚卸しセッション

図 5-17 ■プロセスを配置（モニタリングシート）

モニタリングシート STEP2　サイズを見積もり、工数を導き出す

次にそれぞれのタスクの工数を見積もります。工数算出の考え方は、

工数 ＝ 成果物サイズ（量）× 単位あたりにかかる時間

です。ここでいう工数とは時間のことですが、時間を直接見積もることは実はできません。時間を直接見積もろうとすると「うーん、だいたい○時間かな」と当てずっぽうの見積もりになってしまいます。当てずっ

モニタリングシート

プロジェクト	会計システム刷新プロジェクト
プロセス	要件定義プロセス
作成者	山田太郎

	タスク
レベル1	レベル2
要求を引き出す	要求ヒアリングセッション（大要求の確認）
	要求ヒアリングセッション　結果の文書化
	要求ヒアリングセッション（機能ごと）
	要求の文書化
	要求仕様書顧客レビュー
	要求文書の修正
要求の優先度を評価する	優先順位評価セッション　資料作成
	優先順位評価セッション
	経営チームセッション　資料作成
	経営チームセッション
業務を棚卸しする	業務棚卸しフォーム作成
	業務棚卸し結果まとめ
	業務棚卸しセッション　資料作成
	業務棚卸しセッション

図 5-18 ■リストアップ（モニタリングシート）

ぽうで工数見積もりをしてしまうと、その見積もりを外したときに困ります。前提がないために、なぜ外したのかがわからなくなるからです。

工数を「成果物サイズ（量）」と「単位あたりにかかる時間」に分けておけば、工数を外したときに、成果物の量が想定よりも多かったのか、思ったよりも単位あたりの時間がかかったのか、どちらの前提が違っていたのかを知ることができます。

稼働枠	残稼働枠	当初バッファ
265.00h	265.00h	88.00h

会計システム刷新プロジェクト
要件定義プロセス
山田太郎

当初見積合計	現在見積合計
177.00h	177.00h

タスク レベル2	当初サイズ	現在サイズ	当初見積	現在見積
要求ヒアリングセッション（大要求の確認）	1回	1回	4.00h	4.00h
要求ヒアリングセッション　結果の文書化	10枚	10枚	5.00h	5.00h
要求ヒアリングセッション（機能ごと）	4回	4回	16.00h	16.00h
要求の文書化	50項目	50項目	50.00h	50.00h
要求仕様書顧客レビュー	2回	2回	16.00h	16.00h
要求文書の修正	25項目	25項目	25.00h	25.00h
優先順位評価セッション　資料作成	20枚	20枚	10.00h	10.00h
優先順位評価セッション	2回	2回	8.00h	8.00h
経営チームセッション　資料作成	10枚	10枚	10.00h	10.00h
経営チームセッション	1回	1回	3.00h	3.00h
業務棚卸しフォーム作成	1シート	1シート	3.00h	3.00h
業務棚卸し結果まとめ	15シート	15シート	7.50h	7.50h
業務棚卸しセッション　資料作成	15枚	15枚	7.50h	7.50h
業務棚卸しセッション	3回	3回	12.00h	12.00h
	(a)		(b)	

図 5-19 ■成果物の量（モニタリングシート）

サンプルケースでは、セッションは「回数」、文書は「スライド枚数」、要求は「項目」をサイズの単位としています（**図 5-19 の (a)**）。ここでいう「項目」は大きな要求項目でその下に下位要求と仕様がぶら下がっているイメージです。設計プロセスであれば、モジュール数、インタフェース数などがサイズの単位として使えます。

成果物のサイズに「単位あたりにかかる時間」をかけると工数が導き出されます。例えば「要求ヒアリングセッション 結果の文書化」は、「10スライド × 0.5 h／枚 = 5 h」と見積もられています。これを「当初見積」（**図 5-19 の (b)**）として記入します。「当初見積」とは、計画段階での見積もりという意味です。

「要求の文書化」が 50h、「要求文書の修正」が 25h と、当初見積が大きくなっていますが、当初見積の段階では要求が見えていないため、ここではサイズと単位当たりの時間の想定を明確にしておき、タスクが進むにつれ、詳細が見えてきてからブレークダウンするようにします。

隣の「現在見積」は最新の見積もりを記入する欄ですが、計画時には「当初見積」の数値をそのままコピー&ペーストします。

モニタリングシート STEP3　バッファを設定する

続いてバッファの設定です。バッファは、工数とは分離し、後ろでまとめて管理します。そこで、このシートにあるプロセス全体でひと固まりにバッファを設定します。バッファの大きさの目安は、「当初見積合計 × 50%」です。ここで 50%のバッファを設けるのは、見積もりが「50%確率の見積もり」、つまり「カツカツ見積もり」になっているのが前提です。でなければ、二重にバッファを設けることになってしまいます。

このバッファと当初見積合計とを足したものが「稼働枠」です（**図 5-20**）。ここでは、

当初見積合計（177 h）＋ バッファ（88 h）＝ 265 h

が稼働枠として設定されています。これは、つまり 3 つのプロセスを実

稼働枠	残稼働枠	当初バッファ
265.00h	265.00h	88.00h

会計システム刷新プロジェクト
要件定義プロセス
山田太郎

当初見積合計	現在見積合計
177.00h	177.00h

タスク レベル2	当初サイズ	現在サイズ	当初見積	現在見積
要求ヒアリングセッション(大要求の確認)	1回	1回	4.00h	4.00h
要求ヒアリングセッション　結果の文書化	10枚	10枚	5.00h	5.00h
要求ヒアリングセッション（機能ごと）	4回	4回	16.00h	16.00h
要求の文書化	50項目	50項目	50.00h	50.00h
要求仕様書顧客レビュー	2回	2回	16.00h	16.00h
要求文書の修正	25項目	25項目	25.00h	25.00h
優先順位評価セッション　資料作成	20枚	20枚	10.00h	10.00h
優先順位評価セッション	2回	2回	8.00h	8.00h
経営チームセッション　資料作成	10枚	10枚	10.00h	10.00h
経営チームセッション	1回	1回	3.00h	3.00h
業務棚卸しフォーム作成	1シート	1シート	3.00h	3.00h
業務棚卸し結果まとめ	15シート	15シート	7.50h	7.50h
業務棚卸しセッション　資料作成	15枚	15枚	7.50h	7.50h
業務棚卸しセッション	3回	3回	12.00h	12.00h

図 5-20 ■稼働枠（モニタリングシート）

行するのに「265 時間」の枠を担当者に与えることを意味します。これでモニタリングシートの初期入力が終わりました。

モニタリングシート STEP4　現在見積と消化時間を更新する

STEP4 以降は、プロセスの実行中に行います。各タスクの担当者は、タスクに費やした実績の時間を「消化時間」として入力します。さらに、その時点の最新の見積もりを「現在見積」として更新します（**図 5-21 (a)**）。

(c)

稼働枠	残稼働枠	当初バッファ	消化バッファ	残バッファ
265.00h	249.00h	88.00h	7.00h	81.00h

会計システム刷新プロジェクト
要件定義プロセス
山田太郎

当初見積合計	現在見積合計	消化時間合計	残り時間合計
177.00h	184.00h	16.00h	168.00h

更新日

タスク レベル2	当初サイズ	現在サイズ	当初見積	現在見積	消化時間	残り時間
要求ヒアリングセッション（大要求の確認）	1回	2回	4.00h	8.00h	8.00h	0.00h
要求ヒアリングセッション結果の文書化	10枚 (b)	15枚	5.00h	8.00h	8.00h	0.00h
要求ヒアリングセッション（機能ごと）	4回	4回	16.00h	16.00h	0.00h	16.00h
要求の文書化	50項目	50項目	50.00h	50.00h	0.00h	50.00h
要求仕様書顧客レビュー	2回	2回	16.00h	16.00h	0.00h	16.00h
要求文書の修正	25項目	25項目	25.00h	25.00h	0.00h	25.00h
優先順位評価セッション　資料作成	20枚	20枚	10.00h	10.00h	0.00h	10.00h
優先順位評価セッション	2回	2回	8.00h	8.00h	0.00h	8.00h
経営チームセッション　資料作成	10枚	10枚	10.00h	10.00h	0.00h	10.00h
経営チームセッション	1回	1回	3.00h	3.00h	0.00h	3.00h
業務棚卸しフォーム作成	1シート	1シート	3.00h	3.00h	0.00h	3.00h
業務棚卸し結果まとめ	15シート	15シート	7.50h	7.50h	0.00h	7.50h
業務棚卸しセッション　資料作成	15枚	15枚	7.50h	7.50h	0.00h	7.50h
業務棚卸しセッション	3回	3回	12.00h	12.00h	0.00h	12.00h

(a)

図 5-21 ■現在見積と消化時間（モニタリングシート）

「残り時間」の欄に「現在見積－消化時間」という式を入れておけば、「あと何時間で終わる見込みか？」の最新の見通しがわかります。この更新は可能な限り、デイリー（日時）で行います。

図 5-21 の「要求ヒアリングセッション（大要求の確認）」「要求ヒアリ

ングセッション　結果の文書化」を見てみましょう。

どちらのタスクも残り時間がゼロとなり、タスクが完了していることを示しています。完了とは「現在見積 ＝ 消化時間」、つまり「残り時間」がゼロとなった状態を指します。

現在見積の欄を見ると、どちらのタスクも現在サイズが増え、工数も当初見積よりも増えています。「要求ヒアリングセッション（大要求の確認）」は、当初の見積もりよりも回数が1回増えて、合計8時間かかっています（図5-21（b））。この当初見積との差は、「消化バッファ」として計上され、「残バッファ」も減っていることがわかります（**図5-21（c）**では消化バッファは7時間で、残バッファは81時間）。

さらに、まだ着手していない（消化時間ゼロ）タスクである「要求ヒアリングセッション（機能ごと）」と「要求の文書化」を見直すと**図5-22**のようになります。現在サイズ、現在見積ともに増えています。これは大要求の確認セッションで、当初想定していたよりも要求のボリュームが多く、当然文書化の作業も増えると判断したということです。

モニタリングシートSTEP5　指標をモニタリングする

モニタリングシートは、担当者が最新の見積もりを更新することで、プロジェクトの「現実」を見えやすくするところに意味があります。モニタリングシートを見れば、プロジェクトの最新状況と、「あと何時間で終わるのか」という見通しを得ることができるのです。

プロジェクトの現実を日々把握し、適切にコントロールするには、モニタリングシートを毎日見続けることです。「当初見積と現在見積のずれ」（予実の乖離）と「バッファの消化状況」（バッファ推移）の2つをモニター

モニタリングシート

稼働枠	残稼働枠	当初バッファ	消化バッファ	残バッファ
265.00h	249.00h	88.00h	16.00h	72.00h

プロジェクト	会計システム刷新プロジェクト
プロセス	要件定義プロセス
作成者	山田太郎

当初見積合計	現在見積合計	消化時間合計	残り時間合計
177.00h	193.00h	16.00h	177.00h

更新日

タスク		当初サイズ	現在サイズ	当初見積	現在見積	消化時間	残り時間
レベル1	レベル2						
要求を引き出す	要求ヒアリングセッション（大要求の確認）	1回	2回	4.00h	8.00h	8.00h	0.00h
	要求ヒアリングセッション結果の文書化	10枚	15枚	5.00h	8.00h	8.00h	0.00h
	要求ヒアリングセッション（機能ごと）	4回	5回	16.00h	20.00h	0.00h	20.00h
	要求の文書化	50項目	55項目	50.00h	55.00h	0.00h	55.00h
	要求仕様書顧客レビュー	2回	2回	16.00h	16.00h	0.00h	16.00h
	要求文書の修正	25項目	25項目	25.00h	25.00h	0.00h	25.00h
要求の優先度を評価する	優先順位評価セッション　資料作成	20枚	20枚	10.00h	10.00h	0.00h	10.00h
	優先順位評価セッション	2回	2回	8.00h	8.00h	0.00h	8.00h
	経営チームセッション　資料作成	10枚	10枚	10.00h	10.00h	0.00h	10.00h
	経営チームセッション	1回	1回	3.00h	3.00h	0.00h	3.00h
業務を棚卸しする	業務棚卸しフォーム作成	1シート	1シート	3.00h	3.00h	0.00h	3.00h
	業務棚卸し結果まとめ	15シート	15シート	7.50h	7.50h	0.00h	7.50h
	業務棚卸しセッション　資料作成	15枚	15枚	7.50h	7.50h	0.00h	7.50h
	業務棚卸しセッション	3回	3回	12.00h	12.00h	0.00h	12.00h

図 5-22 ■まだ着手していないタスクを見直した（モニタリングシート）

します。

モニタリングの観点

モニタリングシートはシンプルな作りですが、プロジェクトの現実を把握するための情報を与えてくれます。ここで、モニタリングシートを見るときの観点を整理しておきましょう。

モニタリングシートの観点① 見積もりの精度

当初見積と現在見積の差が大きい担当者は、当初見積の精度を疑う必要があります。バッファでまかないきれないようであれば、再見積もりをするなどの対処が必要です。

モニタリングシートの観点② バッファの消化ペース

当初見積は「50%確率」の数値ですから、バッファは消化するのが前提です。しかし、タスクの進行とバッファの消化のペースが同じであれば問題ありませんが、プロジェクト前半でバッファを消化し過ぎると、後半で余裕がなくなってしまいます。プロジェクトマネジャーは、バッファの消化ペースを把握している必要があります。

・プロジェクト進捗率 = 消化時間 / 現在見積の合計
・バッファ消化率 = 消化したバッファ / 初期バッファ

この2つの数値を追いかけ、バッファ消化率がプロジェクト進捗率を超えそうであれば、何らかの是正処置を検討する必要があります。

バッファ消化の要因分析

バッファを使うことは悪いことではありません。そもそもバッファは使うのが前提だからです。しかし、どんな理由でバッファを使っているのかは把握する必要があります。

「バッファの消化 = 見積もりの乖離」ですから、見積もりの前提にずれがあるということになります。すると「成果物サイズ」か「単位あたりにかかる時間」のどちらかが想定と違っているはずです。

気をつけるべきは「成果物サイズ」のずれです。サイズを10で見積もっていたところ20だったとすると、そのあとに続くタスクも基本的に20を前提とした成果物サイズになるからです。サイズは連鎖するのです。

この場合、PFDに立ち返り、依存関係のあるプロセスの見積もりを見直してください。このように、現時点で考えられる要因から得られたものを、その先の計画に反映することを「フィードフォワード」といいます。

5-4 問題の発見と対処の考え方

大きなチームになると、進捗会議ではモニタリングシートをチームごとに集約し、現状と見通しを確認します。このとき、シートを見ながら進捗会議をするのではなく、主要な数字を毎回問いかけることで、チームリーダーやメンバーの意識が高まります。筆者の場合、進捗会議では決まって以下の問いかけをしいます。

・当初見積と現在見積の差は何時間か？
・その差は先週よりも拡大しているのか？
・その差はさらに広がりそうか？
・その差を広げている要因は何か？
・バッファの消化率はいくらか？
・バッファ消化率とプロジェクト進捗率のバランスはどうか？
・あと、何時間で終わるか？それは稼働枠に収まっているか？
・今後、起こるとしたらどんなリスクが考えられるか？

毎週、これらの問いかけをすることで、チームリーダーやメンバーはこの問いに対する答えを考えるようになります。この問いはプロジェクトの現状と見通しを聞いているので、自然と全員がプロジェクトの状況を把握するようになります。

「六何の原則」に基づいて情報を集める

プロジェクトの目的を明確にし、プロセスを設計し、それをタスクに分解してスケジュール化する。さらに状況をモニタリングすることで「現在地」と「見通し」を常に把握する。これだけやっても、やはり問題は発生します。

問題を解決しようとするとき、まずは情報収集が必要です。情報を収集する際は、以下に示す「5W1H」に分解して状況を理解するように努めると、思い込みを排除し見落としを防ぐことができます。場当たり的に情報を集めようとすると、抜け漏れが出やすく、断片的な理解にとどまりがちです。

- What　何が起こっているのか
- Who　誰が起こしているのか
- When　いつ起きたのか、いつ起きるのか
- Where　どこで起こっているのか
- Why　なぜ起きているのか
- How　どのように起こっているのか

5W1Hは、別名「六何（ろっか）の原則」とも呼ばれます。日本における危機管理の第一人者であり、初代内閣安全保障室長を務めた佐々淳行氏は著書「危機管理のノウハウ」の中でこの六何の原則に基づいた情報収集の重要性を強調しています。

ただし、情報収集の際に5W1Hの要素すべてをそろえることを優先すると、その間に被害が拡大する危険性があります。危機管理の世界では「ベター・ザン・ナッシング」という言葉がしばしば使われるそうです。これは「何もないよりはマシ」ということです。情報の精度を後で高めることは可能ですが、時間を取り戻すことはできません。このため、現場では情報の完全性よりもスピードが優先されます。

5W1H（六何）の中では、何を優先して情報を集めるべきでしょうか。真っ先に知るべきは、「What 何が起こっているのか」です。その次が「Who 誰が」。以下、「When いつ」「Where どこで」の順番で続きます。少なくともこの4つがわかれば、緊急時にも最低限の対策を打つことができます。

残りの「Why なぜ」と「How どのように」については、後からで構いません。緊急時にはこの2つについてはすぐわからず、情報を集めるのに時間を要することが多いからです。マネジャーによっては「何でそんなことが起こったんだ？」と原因追及や犯人探しに走ってしまう人がいますが、そんなことをしてる間に被害が拡大するかもしれません。

最悪の状況を想定する

事実を把握するために情報を収集している間、同時に「最悪の状況」を想定し、それを回避する方法を考える必要があります。

障害が発生したとき、発生当初は大したことのない障害だと思っていたのに、実は致命的な障害で、初動が遅かったために被害が拡大してしまうケースがあります。少し立ち止まって考えればわかったはずなのに、「大した問題ではない」と見過ごしてしまうのです。

スケジュール管理でも同じようなことが起こります。あるタスクの遅れが小さなものであったとしても、それは全体の一部だけが表面化したものであり、実は背後に巨大なトラブルが隠れていたといったケースです。

初動を間違わないためには、まず「これだけは避けなければならない」

という状況を考えます。最悪の状況を想定できれば、あとはそこからどれだけ事態を好転させられるかを考えれば済みます。

例えば、身近な例として「重要な打ち合わせに遅れそうなケース」を考えましょう。最悪の事態は「打ち合わせに遅れて、相手を怒らせること」です。それだけは何としても避けたい。すると、ほかのものについては多少の犠牲を払ってよいということになります。

電車で間に合わなければ、多少の出費をしてでもタクシーで打ち合わせ場所に向かう、怒られることを承知で事前に遅刻の可能性についての電話を入れる、誰か別の人間に先に行ってもらって時間をつないでもらう、など最悪の事態を避けるための方法を考えることができます。

次に、その方法によって新たな問題が生まれないかを考えます。タクシーに乗ったはいいけれど、財布にお金が入っていなければ余計に遅れるかもしれません。遅れそうだと電話をしたら、怒って帰られてしまうかもしれません。このように、回避策をとることで新たに生じるかもしれない問題について考えます。

「最悪の状況とは何か」「それはどうすれば避けられるか」「新たな問題は生まれないか」を考えた上で、「今すぐにすべきことは何か」を判断するわけです。

プロジェクトの情報はすべてオープンが原則

ひとたび問題が発生すれば、その話はチームに必ず伝わります。情報を隠せば、不正確な憶測やうわさ話が生まれ、不安を呼び起こします。業務への集中を妨げるばかりか、チーム不和の原因になりかねません。

隠そうとしても、隠し通せないのが問題というものです。マネジャーは隠せていると思っていたが、チームメンバーは実はみな知っていたなどというのはよくある話です。

プロジェクトに関係する情報は、どのようなものであっても「オープンかつリアルタイム」に発信するのが原則です。プロジェクトを回すのが上手なマネジャーの多くは情報発信をこまめに行っています。例えば、「今、会議でこんなことが決まった」「顧客からこんな連絡があった」という具合に、頻繁に情報を発信しています。

プロジェクトチームのメンバー全員に公平かつ一斉に情報を発信したい場合、必要に応じて「ちょっと集まって」と声を発してスタンドアップミーティングを開くのもお薦めです。形式にこだわらずさまざまな手段を積極的に用いて情報発信することを心がけましょう。

問題と人を分離して考える

マネジャーは、問題が発生したとき、「解決すべきは問題であって、人ではない」ということを常日頃からしっかりと理解しておく必要があります。

問題を解決すべきときに、「そもそも、日頃からお前が気を付けていないからだ」「仕事への取り組み姿勢が間違っている」「あなたの考え方は間違っている」という具合に人を責めても何も始まりません。それどころか、プロジェクトマネジャーとしてチームメンバーの信頼を失ってしまうでしょう。

これは情報収集の観点からも重要な話です。問題解決時に問題と人をごちゃ混ぜに考えるようなチームや組織では、問題に関する正確な情報を共有するのが難しくなります。チームや組織内で、常に問題を隠す方向に力が働くからです。「問題が起こること自体は責めない。しかし、情報発信が遅れれば責める」という姿勢が必要です。

第 6 章

「振り返る」プロセス

Project Management

6-1 振り返りで経験を資産にする

プロジェクトライフサイクルの各フェーズの完了や、作業を終えて最終成果物の作成が完了すると、「振り返る」プロセスを実施します。

「振り返る」プロセスは、プロジェクトを実行した経験から、「教訓」を引き出し、それを組織の「標準プロセス」に反映するプロセスです。

プロジェクトとはそれぞれが「やったことがないこと」に取り組む「初めて」の活動です。しかし、その不確実性をどう乗りこなしていくかは、経験を蓄積することにより、成熟させていくことが可能です。

逆に、プロジェクトをやりっ放しにして、振り返りをしなければ、10年経っても20年経っても、組織としての実行能力は高まらず、プロジェクトマネジャー個人の能力に依存し続けることになってしまいます。プロジェクトの失敗確率が高い企業は、この「振り返り」をなおざりにしがちです。企業にとってプロジェクトはヒト・モノ・カネといったリソースを使って行う取り組みです。「やりっ放し」ではもったいないのです。

振り返るプロセスの目的は大きく3つあります。

振り返りの目的① 成果物の正式な受け入れ

フェーズ完了、プロジェクト完了のいずれの場合も、この「振り返り（終結）」プロセスが成果物の正式な受け入れのタイミングとなります。プロジェクトオーナーに完了の承認を得、フェーズやプロジェクトで作成した成果物一式の検収を受けます。

振り返りの目的② 教訓の把握

プロジェクトではさまざまなことが起こります。フェーズやプロジェクトを通じて何が起こったのか。何が良かったのか、何が悪かったのか、何がうまくいったのか、何がうまくいかなかったのかを教訓として把握しておく必要があります。

振り返りの目的③ 経験の資産化

プロジェクトとは「独自性」のある１回きりの取り組みですから、次のプロジェクトでまったく同じことが起こることはありません。しかし、プロジェクトが失敗するとき、その要因はかなり似通っています。プロジェクトで得た経験を、「それはつまりどういうことなのか？」と抽象化し、そこから得た学びをプロセス資産として残さなくてはなりません。

また、失敗したことだけではなく、うまくいったことは「ベストプラクティス」として残す必要があります。組織の中で一部のプロジェクトマネジャーのスキルが高い、もしくは一部の部門だけうまくいっているということがよくあります。本人たちは「うちはちゃんとやっている」と考えるかもしれませんが、それが組織として共有されないのは非常にもったいないことです。

経験から教訓やノウハウを得たとしても、それを残し、組織として共有されなければ、資産とはいえません。組織のみんなが活用できる状態になってこそ資産といえます。プロジェクトの経験を知恵として残し、共有するためにはナレッジマネジメントのルール作りと仕組み作りが必要となります。

「振り返り」の実施

プロジェクトをやりっ放しにせず、経験を知恵に変え、知恵を資産とするには、何が起きたのかを把握し、分析・抽象化する必要があります。これらの活動は、フェーズやプロジェクトの完了後できるだけ速やかに行わなくてはなりません。人の記憶は急速に風化していきます。プロジェクトで苦労をしたとしても、ほんの数週間で、生々しい記憶は失われていきます。生々しい記憶があるうち、できれば3日以内に「振り返り」を行うことで、プロジェクトからの学びを最大化することができます。

ここで大切なのは「振り返り」であって、「反省会」ではないということです。反省会になると、犯人探しや原因追及が始まってしまいます。振り返りの大きな目的は、経験を資産に変えて、次のプロジェクトに生かすことですから、前向きな取り組みである必要があります。

ドラガン・ミロセビッチ氏は、振り返り（氏は「事後分析レビュー」と表現）の行動規範として以下の項目を挙げています。

振り返りの行動規範① 人を責めない

振り返りは責任追及の場ではありません。問題点をあげつらったり、怒りをぶつけたりすれば、誰も発言しなくなります。振り返りの場の発言は、本人の評価に影響しないことを明確にしてください。メンバーからプロジェクトマネジャーに対して、運営についての不満がぶつけられることもありますが、反論することなく、できるだけ受け入れる姿勢を示すことが重要です。

振り返り行動規範② 過敏にならない

振り返りを自己主張や言い訳の場にしない。振り返りの目的は、プロセスを洗練し、次のプロジェクトの成功率を高めることにあります。自分の課題が指摘されたときも、事情を説明したり、言い訳したりするのではなく、成長の機会と捉えることが大切です。

振り返り行動規範③ 誰も攻撃しない

人と問題は分けて考えること。人を責めるのではなく、プロセスの課題に焦点を当てること。人を名指ししたり、責任を追及したりしないこと。人を攻撃すると、参加者が発言を控えるようになり、教訓を得ることが難しくなります。

振り返り行動規範④ 事実を忘れない

データと事実を基に振り返りを行うこと。対象のフェーズやプロジェクトの主な取り組み、起きた事象、得られたデータを、振り返りの材料として共有することで、参加者の記憶を引き出すことができます。

振り返り行動規範⑤ 本にするな

振り返りの結果は、簡潔な報告書にすること。長い報告書は決して読まれません。「これだけは共有しておきたい」という主要な教訓を簡潔に表現することです。

プロジェクトは人の営みですから、誤りも失敗もあります。その誤りを受け止めて、次につなげられるかどうかが、プロジェクトマネジャーの成長と組織の成熟度を左右します。

重要なことは、振り返りは後ろ向きの活動ではなく、未来に向けた前向きな取り組みであることを、プロジェクトメンバー、ステークホルダーが認識することです。

6-2 KPTによる振り返り

振り返りの目的は、プロジェクトで何が起きたのか、何が良かったのか、うまくいかなかったことは何かなど、経験を通じて得た教訓を引き出し、それを共有することにあります。

振り返りを行う際に、非常にシンプルで便利なやり方として「KPT」というフレームワークがあります（**図6-1**）。KPTとは「Keep（次もやりたいこと、うまくいったこと）」「Problem（問題、うまくいかなかったこと）」「Try（次にやってみたいこと）」の頭文字を取ったものです。

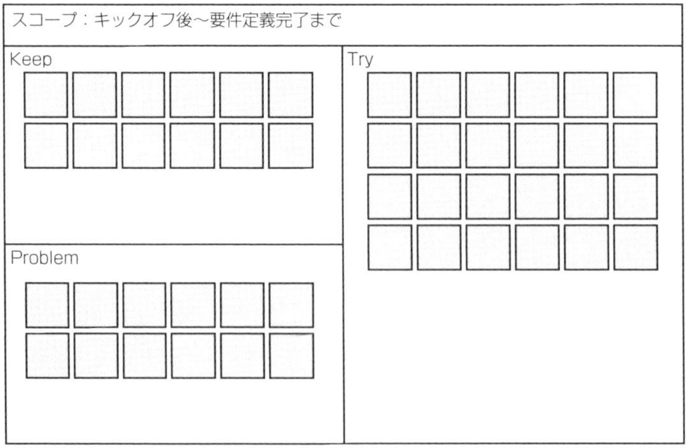

スコープ：キックオフ後～要件定義完了まで
Keep
Try
Problem

図6-1 ■ KPTによる振り返り
ホワイトボードを図のようにKeep、Problem、Tryの3つのエリアに区切り、それぞれのエリアに参加者から出た意見を書いた付せん紙を貼り付けていく

KPTが優れているのは、初めから3つの視点を設定しているため、参加者が何もないところから考えを巡らせるよりも、意見を出しやすくなる点です。また、問題や反省点だけではなく、「Keep」「Try」の視点があることで、振り返りを前向きなものにすることができます。

KPTによる振り返りステップを順に説明します。

KPTによる振り返りSTEP1　準備

ホワイトボードと付せん紙、ペン（できればフェルトペン）を用意します。ホワイトボードは左の図のように、「Keep」「Problem」「Try」の3つのエリアに区切っておきます。付せん紙は1人10～15枚程度あるとよいでしょう。フェルトペンは滑りがよく筆圧が要らず、文字がはっきり見えるので便利です。

KPTによる振り返りは、思い付いたときにどこでもすぐ実施できるという手軽さが特徴です。ホワイトボードと付せん紙が用意できないときは、各自のノートで代用できます。

始める前に、ファシリテーターから参加者に次のことを宣言します。

・人を攻撃しないこと
・立場に関係なく、自分が思っていることを話すこと
・振り返りの場は、意見や問題の評価の場ではないこと
・反省会ではなく、前向きなクリエイティブな場であること
・いかなる発言も人事評価で不利になるものではないということ

KPTによる振り返りSTEP2　スコープの明確化

振り返りの対象範囲（スコープ）がどこからどこまでなのかを明確に

します。「今回の振り返りの対象範囲は、キックオフミーティングが終わってから、要件定義フェーズ完了までです」という具合にスコープを区切ります。振り返りはプロジェクト進行中にも行うため、スコープを明確にしなければ、何について意見を出せばいいのか参加者が混乱してしまうからです。

スコープはホワイトボードに書いておくとよいでしょう。このあとのSTEPの議論でスコープ外の話になったときに、議論の軌道修正をするのに役立ちます。

KPTによる振り返りSTEP3 黙って書く

参加者に「Keep」「Problem」「Try」の3つの視点で、フェーズやプロジェクトで起こったこと、感じたことを付せん紙に書き出してもらいます。付せん紙がない場合は、各自のノート、メモに書き出してもらいます。「相談禁止」で、黙って書いてもらうことがポイントです。3つの視点、それぞれを最低1つは挙げてもらうようにしてください。

反省会だと「何か意見はないですか？」と順番、もしくはランダムに話を聞いていくことが多いかと思いますが、そうすると特定の意見に引っ張られて、多様な意見や問題が出てこなくなってしまいます。「黙って書く」プロセスを設けることで、人の意見に引っ張られることなく、それぞれが思っていることを引き出すことができます。

時間は5分から10分程度が目安です。「5分で書いてみてください」と時間を制限することで、より多くの意見が出やすくなります。

KPTによる振り返りSTEP4 発表

参加者一人ひとりに、それぞれが書いた意見を発表してもらいます。

順番にホワイトボードの前に出てきてもらい、発表しながら付せん紙をホワイトボードの3つのエリアの該当するところに貼ってもらいます。

付せん紙に書いてあることをただ読み上げるのではなく、「それはつまりどういうことか」「どんなことが起こったのか」「なぜそう思ったのか」などの解説も簡単にしてもらうとよいでしょう。

KPTによる振り返りSTEP5　発表内容について議論する

全員の発表が終わったら、「Keep」「Problem」「Try」それぞれの意見について議論します。

数多くの意見が出ているはずですので、すべての意見について議論することができない場合も多いでしょう。その場合は、出た意見(付せん紙)をグルーピングするとよいでしょう。共通するテーマが書かれた意見をひとまとめにし、名前を付け、テーマごとに議論します。

このとき、ぜひ議論するべきなのは、「Keep」の意見について

・なぜうまくいったのか？
・次もうまくいかせようとしたら何が必要なのか？

という「よかったこと」の分析です。

失敗したことについては、わざわざ議論しようとしなくても、「なぜ失敗したのか」について議論されますが、「なぜ成功したのか」については、改めて問いかけない限り議論されません。「今回はうまくいったね」でたいてい終わってしまうものです。これでは成功を再現することができなくなってしまいます。

しかし、次のプロジェクトへ向けた教訓としては、「なぜうまくいったのか？」を知ることのほうがより重要です。うまくいったのはどのような条件がそろっていたからなのかがわかれば、次のプロジェクトではそれを再現できるように条件を整えればいいだけだからです。成功パターンがわかれば、「ベストプラクティス」として共有することが可能になります。

KPTによる振り返りSTEP6 選択

ここまでの議論の中で、「Keep」をさらに発展させたものや、「Problem」が次には起こらないようにするための「Try」も出てきているはずです。それらと最初に付せん紙に書いた「Try」の中から、次のプロジェクトで実際に実施できそうなものを選びます。

「Try」がプロセスに関わることであれば、プロセスフローダイアグラムで表現しておけば、次のプロジェクトでスムーズに取り組むことができます。それ以外に、ドキュメントの改善などで対応できることもあるでしょう。

メンバーそれぞれが自分の課題やスキル獲得の機会を見いだすことも多くあります。その場合は、勉強会の開催を企画したり、参考書籍をシェアしたりして、機会を生かすことが大切です。

KPTによる振り返りSTEP7 展開

振り返りのプロセスで出てきた「Keep」「Problem」「Try」の3つの視点それぞれの意見や、議論の記録を簡単な文書にまとめて、組織に展開します。

先に触れた「本にするな」の原則にあるように、ここで展開する文書は簡潔で、読みやすいボリュームであるべきです。議論のプロセスをすべて記録した速記録ではなく、ポイントを整理したものです。議論のプロセスが知りたい人がいるなら、速記録の所在を記載しておきます。

振り返りは、「ステークホルダー間」と、「プロジェクトメンバー間」の2つに分けるのもよいと思います。その場合、プロジェクトに協力してもらっているスタッフ部門、ライン部門の業務メンバーからは「プロジェクトチームへの要望や良かったこと」の視点で意見をもらい、プロジェクトメンバー間では「プロジェクトの進行、ステークホルダーへの働きかけ」の視点で振り返ります。

6-3 プロセスを改善する

「はじめに」でも触れたように、システム開発を組織として安定的に進めるためには、標準的なプロセスを資産として組織に蓄積し、それを常に更新していくこと。そして、標準プロセスを「型紙」として、個々のプロジェクトの要件に合わせて、プロセスをテーラリングしていく必要があります（図6-2）。

「振り返る」プロセスで得られた教訓は、組織の標準プロセス（＝型紙）に反映し、アップデートする必要があります。

プロジェクトはそれぞれが「やったことがないこと」に取り組む「初めて」の活動です。しかし、その不確実性をどう乗りこなしていくかは、経験を蓄積することにより、成熟させていくことが可能なのです。

プロセス改善の原則

「はじめに」で触れたCMMの生みの親であるワッツ・S.ハンフリー氏は、『ソフトウェアプロセス成熟度の改善』の中で、プロセス改善の基本原則として、以下の６つを挙げています（ハンフリー氏は「ソフトウエアプロセス」としていますが、ソフトウエアに限らずあらゆるプロセスの改善に当てはまる原理原則のため、ここでは単に「プロセス」と表現します）。

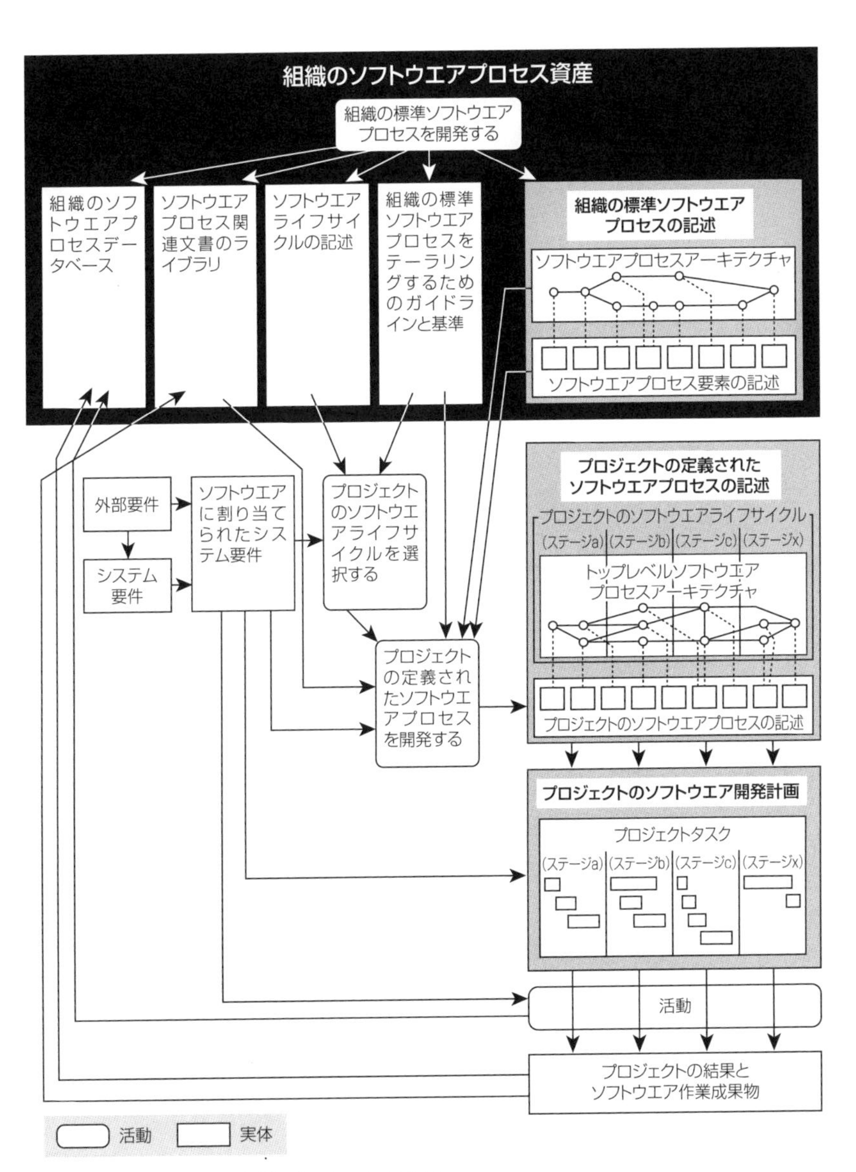

図 6-2 ■ソフトウエア開発プロセスの枠組み
CMU/SEI の能力成熟度モデル、出所：能力成熟度モデルのキープラクティス 1.1 版（CMU/SEI）

1. プロセスの大きな変更は、トップから始めなければならない

プロセスの改善には大きなエネルギー（熱意、投資）が必要です。継続的にプロセスを継続し、組織の成熟度を高めていくためには、経営層のコミットメントが欠かせません。

2. 結局は全員参加でなければならない

プロジェクトは人と人との営みであり、特に情報システムは人の知的作業の産物にほかなりません。プロセス改善は、そのプロセスに取り組む全員の参加が求められます。

本来、プロジェクトの品質に問題があるのは、人に要因があるのではなく、組織としての仕事の進め方（＝プロセス）に要因があります。しかし、振り返りの行動規範でも述べたように、問題と人を同一視してしまいがちです。そうなれば、人はプロセス改善にネガティブなイメージを持ってしまい、全員参加は望めません。そうならないためにも「人と問題を分けて考える」姿勢が必要です。

3. 効果的な変更には、目標と現行プロセスを知ることが必要である

プロセスの改善の第一歩は「現行プロセスを知る」ことから始めることです。プロセス改善に失敗する組織は、この原則を無視していきなり「あるべきプロセス」を描いて、それを実行しようとします。しかし、プロセスを使いこなす能力が備わっていない状態で、絵に描いたあるべきプロセスを実行しようしても、実行できないのです。

4. 変更は、継続しなければならない

改善は一度きりのものではなく、継続的な活動でなければなりません。人も組織も一足飛びに能力が高まるわけではないからです。

改善を継続的なものにするためには、改善を担当者任せにするのではなく、組織的な仕組みとして整備する必要があります。

5. プロセスの変更は、継続的な再強化がなければ途絶えてしまう

組織としてプロセスを標準化したとしても、それを実行するのは人ですから、自然にプロセスは変化していきます。そのため、実際にどのようなプロセスが実行されているのかを定期的に確認し、標準プロセスが現実と合っていないのであれば修正するという取り組みを継続的に実施しなければ、標準プロセスは形骸化してしまいます。

スポーツにたとえていえば、いくら泳ぎの型（テクニック）を教えても、それを体で体現するには、水の中で実際に泳ぐ訓練をしなければなりません。最初から習った通りに泳げるわけではなく、「型」とずれていればそれを修正することもしなければなりません。そういった練習を繰り返すことにより、自然に実行できるようになります。

同じように、プロセスも「正しい＝機能する」プロセスを自然に実行できるようになるまでは、継続的に再強化する活動が必要となります。

6. プロセスの改善には投資が必要である

プロジェクトの実行力を高めるためには、プロセスを改善し、そのプロセスを使いこなすための能力の訓練が必要となります。しかし、このプロセスの改善活動と、能力訓練に投資をしない企業が多いのも事実です。

人と組織の実行力を高めるためには、時間とお金の投資が必要です。現行プロセスの見える化、各フェーズ完了後、プロジェクトの完了後の振り返りの実施、標準プロセスの整備、プロジェクトマネジャーやエンジ

ニアの教育など、すべて時間と費用がかかります。

デスマーチが頻発している状況では、改善活動や振り返り、研修に時間を割くことはできないと思う人もいるかもしれません。しかし、ここでかけた1時間、2時間という時間が、次のプロジェクトやその次のプロジェクトの何百時間の節約になり、組織の競争力の源泉となるのです。

改善は刻む

人と組織の実行能力を高めるためには、人・組織・プロセスに継続的に働きかけ、組織として実行力の成熟度を高める必要があります。重要なことは「改善は刻む」という態度を持つことが必要だということです。

組織の成熟度は一朝一夕には高まりません。小さく、一歩ずつ、成長を重ねていくしかありません。組織の成熟度とは、組織としてのスキルレベルといえます。スキルとは「技術＋運用能力」です。スキルは一歩ずつ刻んで身につけていくしかないのです。

ただし、その刻み方には「正しい＝機能する」やり方があることも事実です。筆者は、CMM/CMMIをはじめとする「成熟度」の考え方を基に、組織の実行力を高めるロードマップをクライアントと共有しています（**図6-3**）。

どんな組織もまず、「初期段階（場当たり的ad-hoc）」から始まります。組織的な動きがなく、すべてが場当たり的な状態です。筆者がコンサルティングに呼ばれるのは、この状態のときです。

初期段階にある組織では、まず目の前のプロジェクトをなんとか成功

		Level 1 初期段階 Ad-Hoc	Level 2 構造化段階 Structured	Level 3 標準化段階 Defined	Level 4 統合化段階 Integrated	Level 5 最適化段階 Optimizing
	段階の特徴	・プロセスが場当たり的 ・組織としてプロジェクトの意識が低い ・成否は個人の能力に依存している	・基本的なPMプロセスが導入され、励行されている ・プロジェクトの成否はチームの能力に依存している	・プロジェクトの実施方法、マネジメント方法が標準化され、遵守されている	・プロジェクトの実施方法、マネジメント方法が標準化され、遵守されている ・戦略とプロジェクトの方向性を一致させている	・企業戦略とプロジェクトが連携し、戦略的にプロジェクトが運営されている ・継続的な改善が行われている
組織要素	人材（能力・行動特性）	・作業思考 ・実行重視という思考停止 ・ホワイトカラー（知識労働者）としての基本スキルを持っていない	・計画の重要性を認識しはじめる ・目的から手段を設計することはできない ・特定の人材にPMスキル教育が実施されている	・プロセス設計の重要性を認識しはじめている ・目的から手段を設計することができる ・組織が求めるPMスキルが定義され、教育が実施されている	・ビジネスとプロジェクトのつながりを理解している ・上位PMによるメンタリング、コーチングが実施されている	・継続的改善が「当たり前」になっている ・現場自発的に改善活動が行われている
組織要素	ツール・プロセス	・存在しない	・プロジェクトチャーターからプロジェクトが開始される ・文書化の手順はあるが、適用はチームに依存する	・作業範囲記述書（SOW）が作成され、組織として承認されている ・プロセス標準が定義され、遵守されている	・組織内に存在する方法論が統合されている ・業務プロセス、プロジェクトマネジメントプロセスが全社で統合されている	・蓄積されたプロジェクトデータ、ナレッジを利用して、プロジェクトマネジメントプロセスが定期的に見直されている
組織要素	組織（PMO）	・存在しない	・事務局的PMO ・専門家の知識を借りて支援を行っている ・注目度の高いプロジェクトに対して、組織として支援している	・支援的PMO ・PMOがPMスキルの教育を提供している ・ファシリテーション、PMスキルでプロジェクトリーダーを補佐している	・管理的PMO ・プロジェクトリーダーの任命、リソースの調整をPMOが行っている ・プロジェクトはPMOの管理下にある	・戦略的PMO ・PMOがポートフォリオ、プログラムレベルでマネジメントを行っている
組織要素	コントロールシステム（戦略整合性）	・実務（作業）中心で、戦略との整合性は考慮されていない ・プロジェクトは部門内で閉じている	・戦略との整合性は意識されはじめるが、定常業務との整合性は考慮されていない ・部門横断でのプロジェクトが立ち上がる	・変更管理プロセスが整備され、戦略との整合性を維持している	・組織のミッション、戦略、目的、目標からプロジェクトの優先順位が決められている	・プロジェクトの有効性、効率性が測定され、マネジメント層が継続的な改善に注目している
組織要素	ナレッジ	・成果物を残す文化がない ・経験知が人にひも付いている	・最低限の文書化が行われている ・成果物が蓄積され始めている	・タスク、見積もりなどの過去プロジェクトのナレッジが活用され始めている	・戦略の意思決定にプロジェクトのデータが活用されている	・プロジェクトから教訓を引き出し、プロセスを継続的に改善している

図 6-3 ■組織実行力向上ロードマップ

させなければなりません。そのため、優先度の高いプロジェクト、もしくは将来性のあるプロジェクトマネジャーを選定し、集中的にサポートをします。そのサポートの中でスキルのトランスファー（転移）を行い、今後の改善を駆動するドライバ人材を育成するわけです。

組織の中に何人かのプロジェクトマネジャーが育ち、小さな成功体験を積み重ねていくと、改善活動に対する周りの目も変わってきます。そこで、基本的なプロジェクトの進め方を標準プロセスとして導入していきます。この段階では「プロジェクトチャーター」など基本的（最小限）なセットを標準とします。そうやって基本的なプロセスが浸透すると、計画の重要性が認識され始めます。これが「構造化段階」です。しかし、この段階ではプロジェクトの成功は、個々のチームが持つ能力に依存しています。

さらに標準的なプロセスを拡充し、プロジェクトマネジャー、メンバーへの教育を継続し、組織としてもPMO（プロジェクト・マネジメント・オフィス）を整備するなどして支援体制を構築すれば、「標準化段階」へと成長します。この段階ではプロジェクトの実行が「組織的」なものになっています。

さらに段階が上がれば、戦略と実行との一貫性を実現する「統合化段階」、そして自発的に継続的な改善が行われる「最適化段階」へと進んでいきます。

組織として安定的にプロジェクトが実行できるようになるのは「標準化段階」ですが、初期段階から改善活動を始めた場合、標準化段階に至るには4～5年はかかります。この間、経営層と現場は緩むことなく「改善を刻む」ことが必要です。

プロセスは非人間的か

プロセスという言葉を聞くと「言われたことを、言われた通りにやらせる」「人間を工場のラインのように扱う」というネガティブなイメージを持つ人も少なくありません。

しかし、そうではありません。むしろ逆です。人の能力を高め、創造性を発揮するためにプロセス設計は役立ちます。適切なプロセスを設計し、それを共有することで、人と組織の能力は高まります。プロセス設計により、プロジェクトの手戻りを防ぎ、リスクに対処することで、創造性を発揮する仕事に費やせる時間やリソースを増やすことができます。

筆者がよく引くドラッカーの言葉があります。

> 伝承を知識にまとめ、思考を体系にまとめることは、人間の能力を卑しめてマニュアルに置き換えることと誤解されがちである。もちろん、そのような試みは、ばかげている。
>
> しかし、体系的な知識は、今日の医者に対し、100年前の最も有能な医師以上の能力を与え、今日の優れた医師に、昨日の医学の天才が想像もしなかった能力を与える。
>
> いかなる体系も、人間の腕そのものを伸ばすことはできない。しかし、体系は、先人の力を借りて常人を助ける。常人に対し、成果を上げる能力を与える。有能な人間に卓越性を与える。
>
> P.F. ドラッカー

ドラッカーがいうところの「伝承を知識にまとめ、思考を体系にまとめること」、それこそがプロセス設計にほかなりません。プロセスとは成果を生み出すための「成功のレシピ」です。このレシピを設計し、それを使いこなす能力は、競争力の源泉となり得ます。継続的に蓄積されたプロセスの資産は簡単にはまねできないからです。

6-4 これからのPM像

ここまで「企む」「段取る」「視る」「振り返る」のプロセスでプロジェクトの持つ不確実性を乗りこなす方法について説明してきました。プロジェクトに課せられた要求を引き出し、それを咀嚼し、要求を実現できるプロセスを設計し、それに沿ってモニタリングとコントロールを行う。プロジェクトマネジャーが担う責務には非常に大きなものがあります。

プロジェクトマネジャーの責務を果たすためには、プロジェクトマネジメントのプロセスを使いこなすだけの知識、能力が必要であることは言うまでもありません。

筆者はこれからのプロジェクトマネジャーに求められる要件として、6つの能力・スキルを挙げています（図6-4）。

プロセス設計能力

組織やプロジェクトをはじめ、物事をシステム的に捉え、プロセスを設計する能力です。本書では「システム思考」「逆算思考」「プロセスフローダイアグラム（PFD）」といった思考回路とツールについて説明しました。これを実践することでプロセス設計能力は身につきます。

問題発見・解決スキル

これからのプロジェクトマネジャーは「言われたことをやる人」ではなく、自ら問題を発見し、上司やクライアントに問題提起し、問題の解決を先導する役割が求められます。そのためには普段から「あるべき姿」

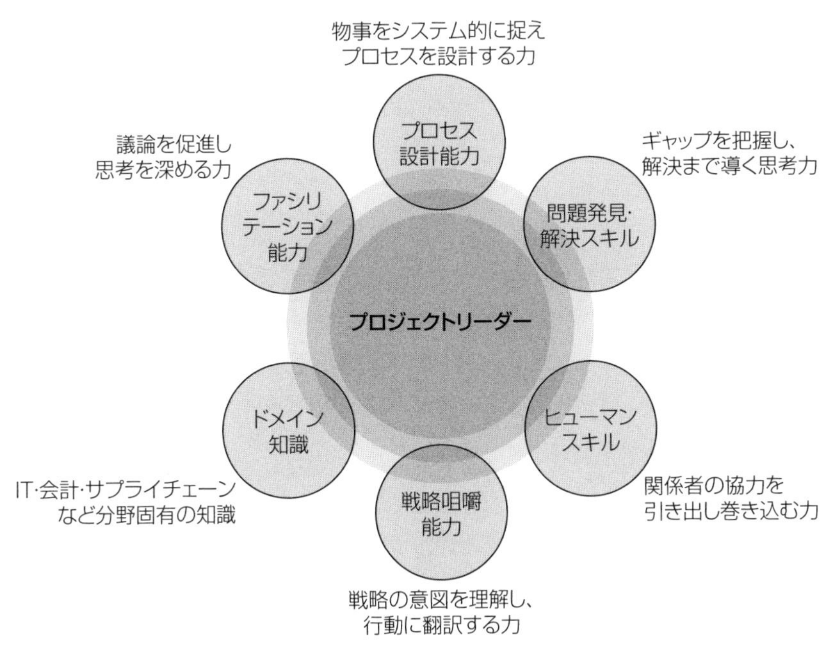

図6-4 ■プロジェクトマネジャーの要件

を考え、現状とのギャップを認識することが重要です。

ファシリテーション能力

クライアント、プロジェクトオーナーをはじめ、ステークホルダーから意見を引き出し、さらにチームでプロジェクトを実行するには、議論を促進し、思考を深めるファシリテーション能力が必要です。ファシリテーション能力は、6つの能力の中でも最も身につけるのが難しいものと言えるでしょう。

ヒューマンスキル

プロジェクトは人と人の営みである以上、人間関係が成果を大きく左右します。プロジェクトマネジャーは人と人との関係を作る力が求められます。

戦略咀嚼能力

プロジェクトは戦略の実現手段であり、プロジェクトマネジャーはプロジェクト実行の間、戦略とプロジェクトとのつながりを意識し続ける必要があります。そのためには、戦略の理解が不可欠です。経営層が何を求めているのか、クライアントがどのような戦略を持っているのかを、咀嚼する力が求められます。

ドメイン知識

プロジェクトの実行シーンでは、会計や販売管理、在庫管理、生産管理、サプライチェーンマネジメントなど、プロジェクトが対象とするドメインの知識が必要となります。これらの知識を素早く仕入れる学習能力が必要です。

ここに挙げた6つの能力は、どれか1つをとってもそれを身につけるにはそれなりの努力を要するものばかりです。それを6つも挙げたのでは、「とても無理」と諦めたくなる人もいるかもしれません。しかし、どれか1つの能力でも、それを軸足として身につければ、ほかの能力も身についてくるものなのです。大切なのは、常に良くなろうとする姿勢です。

本書がプロジェクトマネジャーの皆さんの成長、そして大変な状況にあるプロジェクト現場の助けになることを願っています。

参考文献

「ソフトウェア見積もり」（スティーブ・マコネル／日経 BP 社）
「能力成熟度モデル のキープラクティス 1.1 版」（CMU/SEI）
「PFD（Process Flow Diagram）の書き方 第３版」（清水吉男）
「プロジェクトマネジメント・ツールボックス」（ドラガン・ミロセビッチ／鹿島出版会）
「クリティカルチェーン」（エリヤフ・ゴールドラット／ダイヤモンド社）
「Joel on Software」（ジョエル・スポルスキー／オーム社）

誰も教えてくれないシリーズ

「誰も教えてくれない考えるスキル」（日経 BP 社）
「誰も教えてくれない書くスキル」（日経 BP 社）
「誰も教えてくれない質問するスキル」（日経 BP 社）
「誰も教えてくれない計画するスキル」（日経 BP 社）
「誰も教えてくれない問題解決スキル」（日経 BP 社）

著者紹介

芝本 秀徳（しばもと ひでのり）
株式会社プロセスデザインエージェント 代表取締役

プロセス設計の技法を活かし、人と組織の実行品質を高めるコンサルタント。品質と納期が絶対の世界に身を置き、ITベンダーにおいて大手自動車部品メーカー、大手エレクトロニクスメーカーのソフトウエア開発に携わる。「品質は設計を超えることはできない」という信念のもと、百数十名の開発者を統率し、人とプロセスの質に同時に働きかける独自のアプローチを体系化。現在は「人と組織の実行品質を高める」ことを主眼に、マネジャー育成、PMO構築支援、ベンダーマネジメント支援、戦略策定ファシリテーションなどのコンサルティングを行う傍ら、書籍や記事の執筆、講演活動なども精力的にこなす。

連絡先：株式会社プロセスデザインエージェント（info@processdesignagent.jp）

プロセスデザインアプローチ
誰も教えてくれない「プロジェクトマネジメント」

2017年11月6日　第1版第1刷発行

著　　者　芝本秀徳
発 行 者　吉田琢也
発　　行　日経BP社
発　　売　日経BPマーケティング
　　　　　〒105-8308　東京都港区虎ノ門4-3-12
装丁・制作　マップス
編　　集　松山貴之
印刷・製本　図書印刷

ISBN978-4-8222-5850-4

本書籍に関するお問い合わせ、ご連絡は下記にて承ります。
http://nkbp.jp/booksQA